[監修] 東京大学名誉教授 浅田邦博
一般社団法人 パワーデバイス・イネーブリング協会

応用編

日経**BP**コンサルティング

はじめに

　私たちの生活はIoT時代の到来、AI技術の進歩、省エネルギー社会への転換などにより、大きく様変わりしようとしています。
　同時に膨大な量のデータを扱うビッグデータ社会が本格的に到来し、安心・安全で便利な社会を形成していくことになるでしょう。
　それらを支える中心技術は、様々な機能を持った半導体であり、その半導体の品質保証の重要性がより高まっています。
　一方で、かつての半導体業界のように、大手企業だけで製造から流通まで品質を保証していたときとは違い、半導体を応用して機器の開発やサービスの提供をしている産業、企業も多くなり、その品質を保証することは課題となっています。

　そのような時代背景を受け、2013年に『はかる×わかる半導体　入門編』で、半導体の構造から品質を支える試験方法までの基礎を、日本の産業を支えてきた半導体から最先端のパワーデバイスに至るまでわかりやすく解説した本を発刊しました。

その中で読者より、「さらに詳しい内容が知りたい」「より実務的な内容が知りたい」などの反響があり、今回、『はかる×わかる半導体　応用編』と『はかる×わかる半導体　パワーエレクトロニクス編』を発刊する運びとなりました。

　本書『はかる×わかる半導体　応用編』は、『はかる×わかる半導体　入門編』[1]から、さらに高度な半導体の設計、製造および高品質な回路設計手法、最新のアプリケーションに対応した品質保証など、より実務に近く深い知識を習得できる内容になっており、最先端の半導体エンジニアを目指す方、より高度な専門知識を身に付け指導的立場でマネジメントをしていくことを目指す方々にとって最適な書籍となります。

　また、この『はかる×わかる半導体　応用編』は、「半導体技術者検定エレクトロニクス2級　設計と製造」、「半導体技術者検定エレクトロニクス2級　応用と品質」(旧・半導体テスト技術者検定) の

---

(1) 2020年12月に「はかる×わかる半導体 入門編 改訂版」が発行されています。

公式テキストとして採用されており、検定を受検し資格の取得を目指す方々にとっても、十分に活用できる内容となっております。

そして、この検定は一般社団法人パワーデバイス・イネーブリング協会の理念でもある、「パワーデバイスの規格化、標準化を進め、安全性の客観的評価を可能とする」を具体化するために、半導体の品質、試験について、その重要性の知識を有する方を数多く輩出し、半導体産業を支える糧となることを期待しています。

最後になりましたが、本書を発刊にあたり、多くの方々にご協力をいただき、深く感謝いたします。

一般社団法人パワーデバイス・イネーブリング協会

目次 Contents

はじめに ……… i

序章 「はかる×わかる半導体」
応用編について Preface ……… 1

第1章 半導体を設計する
Design of Semiconductor

  1.1 半導体デバイスについて ……… 8
  1.2 デジタル回路を設計する ……… 13
  1.3 アナログ回路を設計する ……… 22
  1.4 半導体の設計手法について ……… 60
 コラム FinFET ……… 12
    多数決回路 ……… 21
    フィルタあれこれ ……… 59

第2章 半導体を製造する
Manufacturing

  2.1 デバイスの製造プロセスについて ……… 94
  2.2 製造工程について ……… 98
 コラム 製造容易化設計 ……… 108

第3章　半導体を計測する
Measurement

- 3.1　半導体のテストについて ……… 112
- 3.2　デジタル回路をテストする ……… 132
- 3.3　アナログ回路をテストする ……… 154
- 3.4　故障診断と故障解析について ……… 186
- コラム　故障モデルについて ……… 153
- 　　　　アナログ構造テスト ……… 185
- 　　　　故障診断の自動化 ……… 193

第4章　半導体を応用する
Application

- 4.1　デバイスのスペックを読み解く ……… 196
- 4.2　デバイスを使用する ……… 204
- 4.3　デバイスを実装する ……… 222
- コラム　シグナルインテグリティ ……… 232

第5章　半導体を保証する
Quality Assurance

- 5.1　故障を調べる ……… 236
- 5.2　信頼性を確保する ……… 256

5.3	統計情報を活用する	272
5.4	セキュリティの脅威について	288
コラム	故障解析の思い出	237
	FPGAのソフトエラー	244
	ちっともフリーでない鉛フリーはんだ	246
	FIBは困ったときの頼みの綱！	255
	信頼性と安全性	257
	末広がりは良いことか？	277
	機械学習とテスト	286
	ハードウェアトロイは本当に存在するのか？	289

付 録

- 執筆者一覧 300
- 索 引 305

「はかる×わかる半導体」応用編について

Preface
Advanced Version

半導体デバイスの本格的利用は戦後間もなくのバイポーラトランジスタの発明に始まりますが、60年代から今日まで続くいわゆるムーア曲線に沿った集積化技術の発展とともに社会に広く浸透し、今日の情報化社会に不可欠の基盤技術としての地位を築いてきました。約60年間にわたり指数関数的に集積度を向上し続け、その機能と性能を飛躍的に拡大してきた半導体技術は、技術史の中でも例を見ないものであり、人々の生活様式を根本から変え、真の意味でイノベーションをもたらした技術といえます。

　今日の半導体技術には広範な技術要素が含まれます。個々の構成単位である素子はトランジスタや抵抗、キャパシタ、インダクタ等の比較的簡単なものですが、その特性を十分理解するには半導体物理や関連の材料科学を熟知する必要があります。他方、これらが多数集積化されたLSIやイメージャ等の機能と性能を理解するには回路構成技術やシステムアーキテクチャに関する知識を習得する必要があります。

　理解する段階から一歩進んで、設計し製造する立場に立てば、これまで時間をかけて技術開発してきた設計フローや製造フローについて理解する必要があります。またすでに市場に出ている半導体デバイスを利用し目的にあった製品やシステムを組み上げるためには、各種半導体デバイスを構成モジュールとして取り扱うための仕様を的確に読み取る応用技術が必要となります。

　さらにそれらの製品やシステムが実用に供されるには、セキュリティ面を含む広い意味での信頼性を確保する技術についても知る必要があります。このように半導体デバイスの設計、製造、応用等は多くの「技術の集積」の上に成り立っているといえます。

本書は『はかる×わかる半導体　入門編』の続編として編纂されました。入門編は大学生や若手エンジニアのための半導体技術の入門編として、「入門者が理解しておくべき基礎的事項や基本的用語の解説」をまとめたものでしたが、本書の応用編は、「実践を担う中堅エンジニアが半導体技術の専門家として知っておくべき事項」をまとめた内容となっています。

　入門編が「半導体技術者検定　エレクトロニクス3級」（旧・半導体テスト技術者検定3級）の検定試験に対応するものであるのに対し、応用編は「半導体技術者検定　エレクトロニクス2級」（旧・半導体テスト技術者2級）の検定試験に対応した内容となっています。

　上述のように、半導体技術は広範な技術内容を含み、一人の専門家にとってもすべてを網羅することは必ずしも容易とはいえないものです。

　そのため、2級の検定試験は半導体を「設計・製造する立場」や半導体を「応用し製品を開発する立場」など、立場ごとの専門家を対象とした複数の検定試験からなっています。

　そしてすべての2級検定に合格した方を、広い視野を持った指導的立場のエンジニアとして「半導体技術者検定　エレクトロニクス1級」（旧・半導体テスト技術者1級）と認定するものとなっています。

　本書の内容は、各章にしたがい、半導体を「設計する」ための事項、「製造する」ための事項、「計測（テスト）する」ための事項、「応用する」ための事項、信頼性を「保証する」ための事項の順に記述されています。

　半導体技術は今日も日々発展しており、実務を担う中堅エンジニアが知っておくべき技術内容も変化し続けています。執筆者一覧か

らも分かるように、本書の内容は学界、産業界の第一線で活躍中の多くの研究者、技術者の方々が分担してできあがったものです。

　半導体デバイスの微細化と大規模集積化に対応し、設計技術や製造技術もより高位の設計言語や3次元構造の採用など日々進化しています。計測（テスト）技術でも、高速化し高周波化する半導体デバイスの品質を高精度で計測するために高度化が進展しています。

　半導体の応用分野も拡大し社会の隅々まで浸透しつつある中、実用に耐えうる製品やシステムの開発には、半導体デバイスの仕様等を的確に理解し、システムを構成していく技術が要求されます。また、最終製品やシステムの信頼性を保証するには、個々の半導体デバイスの信頼性が土台となります。

　集積度の点で高等動物の脳神経細胞数にも匹敵しつつある複雑な大規模集積化デバイスの動作を保証することは、古典的手法だけでは必ずしも十分ではなく、統計的手法などの新しい手法が実用化されつつあります。本書はこのような今後も重要と考えられる多岐にわたる最新の事項をも含めるよう注意して編纂されています。

　半導体技術は、その発展の歴史の中で多くの技術分野を効率的に取り込む必要上「分業化」が進みました。半導体の材料、設計、製造から計測（テスト）、応用システム開発そして信頼性の保証まで、多くの技術者や企業・組織の共同作業によって「社会のインフラ」としての情報システムを提供するものとなっています。

　高速無線／有線情報通信ネットワークはもちろんのこと、データセンタやクラウド型情報処理システム、これらとネットワークを介し有機的に結合する膨大な数の情報源／エッジ端末、そしてこれらをベースにして構築される様々なサービスシステムは、今後とも半導体技術が中核となって構築されるものであり、半導体技術者に求

められる能力と責任の大きさは大変大きなものといえます。
　これにこたえるには、半導体技術者だけでなく、ソフトウェア技術者、システム技術者など数多くの専門家が相手方の「ことば」を理解し、コミュニケーションする必要があります。
　本書がこの意味で「技術者間のコミュニケーションの基礎」となることを期待するものです。

浅田邦博

半導体を
設計する

Chapter: 1

Design of Semiconductor

1.1 半導体デバイスについて
1.2 デジタル回路を設計する
1.3 アナログ回路を設計する
1.4 半導体の設計手法について

1.1 半導体デバイスについて

1.1.1 半導体デバイスの構造と動作原理

半導体素子であるトランジスタは、P型半導体とN型半導体を接続したPN接合を基本としています。PN接合とMOSトランジスタの動作原理については、入門編に記載されていますので、ここでは論理ゲートの基本となるCMOS (Complementary Metal Oxide Semiconductor) 回路とバイポーラトランジスタ (Bipolar transistor) の構造と動作原理を説明します。

(1) CMOS回路

CMOS回路は、PMOSトランジスタとNMOSトランジスタの対で構成されています。図1-1にPMOSトランジスタとNMOSトランジスタの基本構造を、図1-2に表記法を示します。

PMOSトランジスタは、ゲート端子の電位がlow (論理値が0) のときソースとドレインが導通状態 (トランジスタのスイッチがオン) になり、ゲート端子の電位がhigh (論理値が1) のときソースとドレインが非導通状態 (トランジスタのスイッチがオフ) になります。

またNMOSトランジスタは、ゲート端子の電位がhigh (論理値が1) のときソース・ドレイン間が導通状態になり、ゲート端子の電位がlow (論理値が0) のときソース・ドレイン間が非導通状態 (トランジスタのスイッチがオフ) になります。

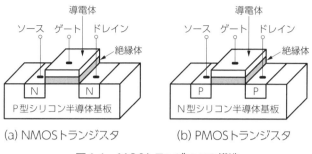

図1-1　MOSトランジスタの構造

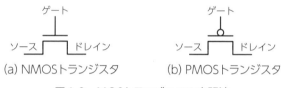

図1-2　MOSトランジスタの表記法

(2) バイポーラトランジスタ

　図1-3は、薄いP型半導体をN型半導体で挟んで構成するNPN構造のバイポーラトランジスタを示します。挟まれたP型半導体領域をベース (B)、両端のN型半導体領域の片側をエミッタ (E)、もう一方をコレクタ (C) と呼びます。EB間とBC間にはそれぞれPN接合が形成されています。EB間の電圧$V_B = 0$のときには、EB間には電流は流れません。ここでEB間を順バイアス状態に、BC間を逆バイアス状態にすると、順バイアス状態のEB間に電流が流れます。エミッタから流れてきた電子はベースから流れてきた正孔と一部が再結合しますが、ベースが薄く作られているため正孔と再結合しなかった電子はコレクタの正の電位に引かれ、コレクタに電流が流れるようになります。エミッタに流れる電流I_Eは、ベースとコ

レクタに流れる電流I_BとI_Cの和、

$$I_E = I_B + I_C \quad (1.1式)$$

となります。小さなI_Bに対して、その何倍ものI_Cを流すことができるので、バイポーラトランジスタは小さな入力電流から大きな出力電流を得る電流増幅素子になります。

$$I_C = \beta I_B \quad (1.2式)$$

としたとき、βを電流増幅率といいます。

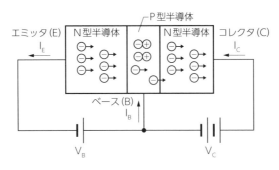

図1-3　NPNバイポーラトランジスタの構造

図1-3のNPNバイポーラトランジスタのP型半導体とN型半導体を入れ替えて、エミッタとコレクタをP型半導体に、ベースをN型半導体にしても電流の向きは逆になりますが、電流増幅素子として機能します。これをPNPバイポーラトランジスタと呼びます。図1-4 (a) にNPNバイポーラトランジスタ、図1-4 (b) にPNPバ

イポーラトランジスタの回路記号を示します。

(a) NPN 型　　　　　(b) PNP 型
図1-4　バイポーラトランジスタの表記方法

　バイポーラトランジスタは、ベースに流れる電流の制御により駆動する「電流駆動」素子であり、一方でMOSトランジスタは、ゲートに印加する電圧の制御により駆動する「電圧駆動」素子といえます。

(3) SiGe プロセス

　トランジスタの高速化と低消費電力化の両立を指向する製造プロセス技術に、SiGeプロセスがあります。バイポーラトランジスタのベース領域の材料をシリコンの代わりにシリコンゲルマニウム (SiGe) を用いたものをSiGeバイポーラトランジスタと呼びます。

　シリコンにゲルマニウムを添加すると、シリコン単体に比べ導電性が高くなるため、ベースを薄くしてもベース抵抗の増大を押さえることができ、リーク電流の増加や電流増幅率の低下も抑制できます。その結果、高速かつ低消費電力なトランジスタを実現でき、ノイズも生じにくくなります。MOSトランジスタでは、まず、シリコン結晶上にSiGeの膜を形成します。SiGeの膜の上にシリコン層を形成すると、シリコン原子の格子間隔が広がった「歪みシリコン」と呼ばれるシリコン層が形成されます。格子間隔が広がること

によりキャリアの移動度が高まり、高速に動作できるトランジスタを形成できます。

　高性能な半導体材料として、ガリウムヒ素（GaAs）のような化合物半導体が知られています。化合物半導体の製造プロセスと比較して、SiGeプロセスは通常のシリコンの製造プロセスとの相違が少ないため、既存の設備を転用しやすく、材料や導入にかかるコストが少なくてすみます。

　このようにSiGeプロセスはバイポーラトランジスタとMOSトランジスタのどちらにも使用できます。なかでもSiGeバイポーラトランジスタは、GHz以上の高周波無線通信や高速伝送における高周波信号増幅等に向いています。

コラム　　　　　　　　　　　　　　　　　　　　　　Column

FinFET

　半導体プロセスの微細化とともに、新しい構造のMOSFETが考案されています。その代表といえるものがFinFETです。短チャネル化によるリーク電流増加への対策として、22nm以降のプロセスに適用されていますが、このような3次元構造のMOSFETを最初に発明したのは日立製作所です。現在では微細化プロセスの主流となっているFinFETですが、5nmが限界ともいわれていて、さらなる微細化のための技術開発が進められています。

1.2 デジタル回路を設計する

1.2.1 論理回路

　NMOSトランジスタは、ゲート電圧をかけることで、ソース・ドレイン間に電流が流れるようになります。バイポーラトランジスタは、ベース電流を流すことでコレクタ電流が流れます。つまり、MOSトランジスタのゲート電圧とバイポーラトランジスタのベース電流は、それぞれドレイン電流とコレクタ電流を制御するスイッチの役割を担います。このようなトランジスタのスイッチ機能を利用してNOTゲートやNANDゲートなどの論理素子（論理ゲート：Logic Gate）を構成し、さらに論理ゲートを組み合わせることで論理回路（Logic Circuit）を構成します。本節では、CMOSによる論理ゲートの構成と順序回路で使われるフリップフロップについて説明します。

(1) CMOS論理ゲート

　CMOS回路を用いる論理ゲートの場合、図1-5に示すように、PMOSトランジスタネットワークとNMOSトランジスタネットワークを組み合わせて、ゲートを構成します。PMOSトランジスタネットワークは電源線のVddと素子の出力の間を導通状態にするか非導通状態にするかを決め、NMOSトランジスタネットワークはグランドとゲートの出力を導通状態にするか非導通状態にするかを決めます。入力が安定しているときには、PMOSトランジス

タネットワークとNMOSトランジスタネットワークは同じ状態をとらないように構成されます。ゲートの出力は、Vddと導通状態のときはグランドと非導通状態になり、出力の論理値は1になります。逆に、Vddと非導通状態のときはグランドと導通状態になり、出力の論理値は0になります。

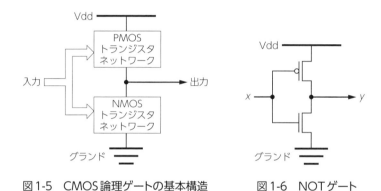

図1-5　CMOS論理ゲートの基本構造　　図1-6　NOTゲート

図1-6にCMOSで構成したNOTゲートを示します。NOTゲートの入力論理値が0のとき、PMOSトランジスタがオンになる一方で、NMOSトランジスタはオフになるため、Vddと出力が導通し、出力の論理値は1になります。NOTゲートの入力論理値が1のとき、逆にグランドと出力が導通し、出力の論理値は0になります。

2入力以上の論理ゲートでは、トランジスタの直列接続と並列接続がPMOSとNMOSのトランジスタネットワークで互いに逆になるように構成することにより、どのような入力値の組み合わせに対しても、PMOSトランジスタネットワークとNMOSトランジスタネットワークの両方が同じ状態をとらないようになります。図1-7 (a) と図1-7 (b) にCMOSで構成した2入力NANDゲートと2入

力NORゲートをそれぞれ示します。いずれのゲートも、直列または並列に接続されたトランジスタの数をそれぞれ2つから3つに増やすことで、同じタイプの3入力ゲートに拡張できます。

1つのゲートに接続している入力の線数をファンイン(Fan-In)といいます。また、1つのゲートの出力が接続している線数をファンアウト(Fan-Out)といいます。ファンインやファンアウトの最大値は3〜5程度であることが多いです。大きなファンインやファンアウトのゲートを使って回路を設計すると使用する論理ゲート数は少なくできますが、動作速度の低下(遅延時間の増加)や消費電力の増加等をもたらします。

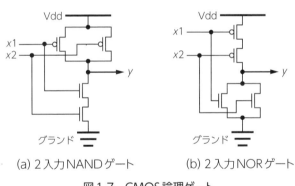

(a) 2入力NANDゲート　　(b) 2入力NORゲート

図1-7　CMOS論理ゲート

論理回路を構成する基本の論理ゲートには、表1-1に示す種類のゲートがあります。表1-1は、論理回路図で表記するときの表記法と真理値表を示します。ANDゲートやORゲートは、CMOS回路では、NANDゲートやNORゲートの出力にNOTゲートを接続して実現します。排他的論理和を求めるExORゲートは、例えば2入

力NANDゲートを4つ組み合わせて実現できますが、図1-8に示す伝送ゲート (Transfer Gate、Transmission Gate) を用いることで、より少ないトランジスタ数で実現できます。伝送ゲートはパストランジスタ (Pass Transistor) とも呼ばれ、論理回路の省面積化や低消費電力化に役立ちます。

(2) 複合ゲート

また、図1-9 (a) のようにPMOSトランジスタとNMOSトランジスタのそれぞれを直並列に組み合わせると、図1-9 (b) のような複数の論理ゲートを効率的に実現できます。これを複合ゲート (Complex Gate) といいます。複合ゲートを用いることで、基本の論理ゲートを個別に実現するより、トランジスタ数を少なくでき、また遅延時間も短くなります。

表1-1 論理ゲートのゲート記号と真理値表

x1	x2	NOT $\overline{x1}$	AND $x1 \cdot x2$	NAND $\overline{x1 \cdot x2}$	OR $x1 \vee x2$	NOR $\overline{x1 \vee x2}$	ExOR $x1 \oplus x2$	ExNOR $\overline{x1 \oplus x2}$
0	0	1	0	1	0	1	0	1
0	1	1	0	1	1	0	1	0
1	0	0	0	1	1	0	1	0
1	1	0	1	0	1	0	0	1

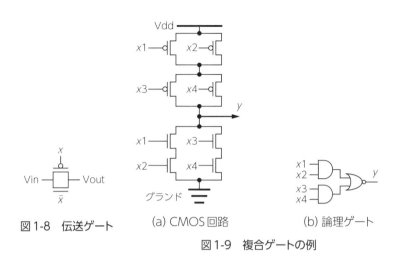

図1-8　伝送ゲート　　(a) CMOS回路　　(b) 論理ゲート

図1-9　複合ゲートの例

(3) バイポーラトランジスタによる論理回路

　バイポーラトランジスタを用いた論理ゲートの構成法には、ECL (Emitter-Coupled Logic) と TTL (Transistor-Transistor Logic) があります。ECLはTTLに比べ、高速に動作する一方で消費電力が大きくなります。バイポーラトランジスタによる論理回路は、CMOSが普及する以前はマイコンや大型コンピュータの論理演算部、高速メモリ等で使用されていましたが、大量の熱を発生するため高集積化や高速化には向かず、現在のほとんどの論理回路にはCMOSが使われています。

(4) 組み合わせ回路と順序回路

　論理回路は、組み合わせ回路 (Combinational Circuit) と順序回路 (Sequential Circuit) に分けることができます。表1-1で示すような論理ゲートから構成される論理回路を組み合わせ回路とい

い、組み合わせ回路にフリップフロップ (Flip-Flop) のような記憶素子を伴う回路を同期式順序回路 (または単に順序回路) といいます。また、論理ゲートやフリップフロップの接続関係を表現した論理回路は、ゲートレベル (Gate Level) 回路と呼ばれることがあります。

　組み合わせ回路の出力値はそのときに印加されている入力のみから決まりますが、順序回路は記憶素子が状態を持ち、その出力値はそのときに印加されている入力値とそれ以前に印加された入力系列に基づく状態から決まります。回路構造の観点からは、組み合わせ回路はフィードバックループを含まないように論理ゲートが接続されますが、順序回路は記憶素子を介してフィードバックループを含むことができます。

(5) フリップフロップ

　順序回路の記憶素子に使われるフリップフロップには、Dフリップフロップ、Tフリップフロップ、SRフリップフロップ、JKフリップフロップがあります。表1-2に各フリップフロップの真理値表を示します。Q (t)、Q (t + 1) は、それぞれ時刻t、t + 1におけるフリップフロップの状態 (フリップフロップの出力値) を示します。フリップフロップが現状態Q (t) から次状態Q (t + 1) に遷移するには、クロック信号を使います。クロック信号が0から1に立ち上がると、フリップフロップの入力値が取り込まれ、状態を更新しますが、それ以外のときはフリップフロップは同じ状態を保持し続けます。

　Dフリップフロップは、入力を1時刻だけ遅らせて出力します。Tフリップフロップは、入力が0のときは現在の状態を保持し、1のときには状態を反転させます。SRフリップフロップは、入力S

とRがどちらも0のときには状態を保持し、入力Sが1のときには状態をセット（出力を1に）、入力Rが1のときには状態をリセット（出力を0に）します。ただし、入力SとRを同時に1にすることは禁止されています。JKフリップフロップは入力JとKがそれぞれSRフリップフロップのSとRに対応しますが、禁止入力S＝R＝1に対応するJ＝K＝1を許容し、そのときの状態を反転させます。

表1-2 各種フリップフロップの真理値表

(a) Dフリップフロップ

入力	Q (t+1)
0	0
1	1

(b) Tフリップフロップ

入力	Q (t+1)
0	Q (t)
1	$\overline{Q(t)}$

(c) SRフリップフロップ

S	R	Q (t+1)
0	0	Q (t)
0	1	0
1	0	1
1	1	禁止入力

(d) JKフリップフロップ

J	K	Q (t+1)
0	0	Q (t)
0	1	0
1	0	1
1	1	$\overline{Q(t)}$

1つのフリップフロップは1ビットのデータを保持します。また、状態を強制的に0にするリセット機能や強制的に1にするセット機能をフリップフロップに持たせることができます。

1.2.2 メモリ回路

半導体メモリは、DRAM (Dynamic Random Access Memory) やSRAM (Static Random Access Memory) に代表される揮発性

メモリと、マスクROMやフラッシュメモリに代表される不揮発性メモリに大別されます。揮発性メモリは、電源を落とすとデータが消えるほか、DRAMはリフレッシュ動作が必要で、SRAMはメモリセルが大きく記憶密度が低いことや消費電力が大きい等の課題があります。フラッシュメモリはマイコンやSoCに内蔵できますが、データの書き込み回数に上限があるほか、CMOS論理回路のプロセスを流用して製造する埋め込み用フラッシュメモリは微細化が困難になってきています。

　これらの課題に対して、既存のメモリが持つ欠点を解消するような新しい構造のメモリの開発も進んでいます。多くの半導体メモリは、電荷の有無に基づいて電気的に情報を記憶しているのに対して、新デバイスとして期待されるMRAM（Magnetoresistive Random Access Memory：磁気抵抗メモリ）は、磁性体の磁気を利用して情報を記録します。情報の読み出しは、磁気トンネル接合（MTJ：Magnetic Tunnel Junction）におけるトンネル磁気抵抗効果に基づきます。磁気トンネル接合素子は、絶縁体を挟んだ二層の強磁性体で構成され、二層の強磁性体の磁化の方向が同じ（平行状態）か逆（反平行状態）かによって電気抵抗が変化し、電流を流したときの電流（電圧降下）の大きさの違いでデータの0と1を識別します。1個のセル選択トランジスタと1個の磁気トンネル接合素子で基本のメモリセルを構成できるため記憶密度が高く、不揮発性メモリとして機能し、高速で待機消費電力も小さい等のメリットがあります。その一方で、製造プロセスの複雑さや書き込み消費電力の大きさ等のデメリットも抱えています。

コラム

多数決回路

多数決回路は、高信頼化のための冗長方式の1つである多数決冗長方式に利用される回路で、k-out-of-n回路の一種です。多数決冗長方式としては、一般に用いられるのはTMR (Triple Modular Redundancy) ですが、より一般的なNMR (N-tuple Modular Redundancy) もあります。k-out-of-n回路というのは、n本の入力のうちのk本以上が1の場合に出力が1となる回路で、特殊な例としては多数決回路 (k = (n+1)/2、nは奇数) 以外に、OR回路 (k = 1)、AND回路 (k = n) があります。

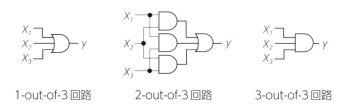

1-out-of-3回路　　2-out-of-3回路　　3-out-of-3回路

多数決回路は、組み合わせ回路であることとnが大きくなると回路規模が急速に増大することから、組み合わせ回路の例題として用いられることも多くあります。

初出：日経 xTECH　連載「パワーデバイスを安心・安全に使う勘所」2017年7月掲載

1.3 アナログ回路を設計する

　自然界の信号はアナログです。それをセンサで電気信号に変換し、アンプで増幅し不要信号をフィルタリングしてA/D (Analog/Digital) 変換しデジタルチップに取り込むまでのアナログ信号処理回路は、IoT (Internet of Things) 時代にますます重要になってきています。

　マイケル・ファラデーはロンドンのテムズ川に架かるウォータールー橋で、地磁気を横切る川を銅線で挟み、電磁誘導の原理から起電力の測定を試みました。その検出した微弱電気信号を増幅する電子回路がなかったため、その後120年あまりも電磁流量計を製品化できなかったという話は、アナログ電子回路の重要性を示しています。

　また、デジタル的に信号を生成しD/A (Digital/Analog) 変換器でアナログ信号に変換して自然界に出力するときにも、D/A変換器とその後段のアナログフィルタは重要な回路になります。このデジタル技術による信号生成方式の性能を決めるのはアナログ回路 (D/A変換器、フィルタ回路) です。

　シリコンデバイスの代表的なものはCMOSとバイポーラトランジスタで、現在の主流はCMOSです。アナログRF回路でも国際学会ではCMOS回路の発表が圧倒的に多いですが、実際の産業界ではアナログIC専業メーカー等でバイポーラトランジスタ回路も使用されています。

アナログRF回路がCMOSのバイポーラに対して有利な点は、デジタル回路と1チップ化できる、スイッチが容易に実現できる、線形領域を用いて可変抵抗が利用できる、カスコード接続で高い出力抵抗が実現できる、低電圧動作可、直流ゲート電流がゼロ、デジタル誤差補正技術が利用できる等です。

バイポーラが有利な点は、相互コンダクタンスが大きい、電流駆動能力が高い、ベース・エミッタ間電圧のばらつきが小さい、1/fノイズが小さい等です。

信号を送信・伝達・受信する通信システムにおいて高周波信号を扱うRF（Radio Frequency）デバイス・回路もますます重要になってきています。

さらに0と1のデジタル信号を高速に伝達する高速入出力インタフェース回路でも、その波形をアナログ的に扱う必要があります。高周波成分が減衰してしまうので、受信側または送信側で高周波成分を強調するアナログ的な信号処理が行われます。ここでRFデバイス・回路のような「高周波回路」と高速入出力インタフェース回路のような「高速回路」は似ているようで異なります。

「高周波回路」は高い周波数を狭帯域で扱い、周波数領域で動作を設計解析します。一方、「高速回路」は立ち上がり・立ち下がり時間を短くするため「直流から高周波までの信号成分を扱う広帯域回路」であり、時間領域・周波数領域の両方で動作を設計解析します（図1-10）。

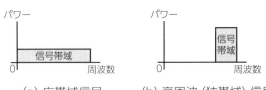

図1-10　広帯域信号と高周波信号（周波数領域）

　2次元または1次元の空間分布として光信号を取り込み電気信号に変換するイメージャはスマートフォンなどでよく用いられており、応用・市場はますます広がっています。

　CCD (Charge Coupled Device) がよく用いられていましたが、現在は低コスト、他の回路との集積化可能、要求される電源電圧値の数が少ない、CMOSイメージャの性能が向上しているとの理由でCMOSイメージャが多用されています。多くの画素からのデータを効率良くデジタル信号に変換するための（多数個の）A/D変換器も重要です。

　さらに入力電源（商用AC電源100V、乾電池1.5V等）から様々な電圧に損失少なく変換する電源回路も重要なアナログ回路です。

　産業的にもアナログ回路は電子システムにおいて「差別化技術」として利益を生む重要な技術です。設計が技術者の能力に大きく依存し、設計の完全自動化が難しい分野です。

　例えばプロセス、電源電圧、温度変動によらず一定の電圧または電流を供給するバンドギャップ基準電圧発生回路は純粋なアナログ回路であり、各社のその回路を測定してみますと、性能にはその会社の回路設計者の能力が顕著に表れます。

図1-11に簡易な基準電流源回路を示します。航海での北極星のように、常に一定の電流・電圧がアナログ回路では一つは必要になります。

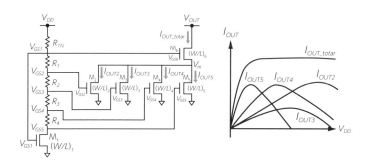

電源電圧変動によらず一定の電流を供給する(プロセス、温度変動には依存するがバンドギャップ基準電圧生成回路に比べて簡易に実現できる)

図1-11　基準電流発生回路の例

　アナログ回路の設計において重要なことは、「設計のトレードオフ」を理解することです。

　1つの性能を良くしようとすると他の性能が犠牲になり、全部を良くするということは一般に困難です。

　例えば能動アナログフィルタの設計においては、アナログフィルタ理論を知るだけでなく、消費電力、ノイズ、線形性の3つが設計のトレードオフにあることを理解することが必要です。消費電力を大きくすると、ノイズを小さくして線形性を良くすることができます。アプリケーションごとの要求仕様を理解し、全体のバランスを考えながら設計を行う必要があります。

逆に全体として性能を良くすることができる回路方式を考案できれば、特許出願、学会・論文発表等の知的財産になります。

アナログ回路設計においては、理屈・理論に基づき机上でよく考えて設計検討を行い、MATLABやSPICE等のシミュレーションで詳細設計・確認を行います。シミュレータを動作させる前の机上での検討とそれができるための基礎力が重要です。

高性能アナログ集積回路の実現のためには、回路設計だけでなく、レイアウト設計（トランジスタ、R、Cの配置配線設計）も重要です。

例えばコモンセントロイド法のような相対ばらつきの影響を抑えるいくつものレイアウトテクニックが開発されてきています。見た目の美しいレイアウトは良いレイアウトであることが多く、逆に美しくないレイアウトは性能が出ないことが多いということが経験的に知られています。図1-12にレイアウトの例を示します。

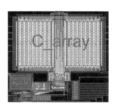

対称な差動回路は対称のレイアウトするのが美しいレイアウトになる。

図1-12　逐次比較近似A/D変換器のレイアウト例

信号がより高速・高周波になり、それに伴い様々な回路システムの性能劣化を引き起こす要因に、一定周期のクロックタイミングの揺らぎがあります。

これは時間領域ではジッタ、周波数領域では位相ノイズと呼ばれ、高速/高周波回路では問題が顕著になっています。高速インタフェース回路ではビットエラーを引き起こし、A/D変換器では波形のサンプリングの際の誤差を招き、通信システムでは受信回路では妨害波の影響を受け、送信回路では妨害波を発生します。

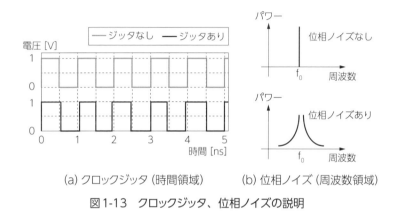

(a) クロックジッタ（時間領域）　　(b) 位相ノイズ（周波数領域）
図1-13　クロックジッタ、位相ノイズの説明

　アナログ集積回路の「測定・テスト」も重要です。
　「測定」は試作されたアナログ集積回路の性能評価を実験室レベルで行うことです。計測の専門家からは「どのような結果が出るかを予想してから測定すると効率的である」との指摘があります。
　このための電子計測器にはオシロスコープ等の時間領域波形測定、スペクトラムアナライザ、ネットワークアナライザ等の周波数領域での測定のものに大別できます。信号の時間と周波数領域特性の関係、それぞれの計測器の特徴を理解する必要があります。

一方、「試験」は製造出荷時に良品か不良品か（そのICが出荷可か否か）の判定として行われます。

アナログ集積回路のテストの際には、単に動作しているかどうかだけでなく、性能が要求仕様を満たしているかをチェックする必要があり、何も工夫をしなければテストに高性能計測器が要求されテスト時間がかかる（すなわちテストコストが増大する）傾向にあります。このためチップ内部にテスト容易化回路DFT（Design For Testability）、BIST（Built-In Self Test）を設ける試みがありますが、一般的手法はなく、被試験回路の種類ごとに異なるDFT、BISTを用いなければならない等の難しさがあります。

車載用ICでの高品質要求のため、アナログ故障検出率、アナログ欠陥故障検出テストの技術が学会でホットな話題になっています。

1.3.1 アナログ回路

アナログ回路の基本はオペアンプ（演算増幅器）です。その内部のトランジスタ回路に電子回路設計の粋が集められています（トランジスタレベルの回路設計は参考文献を参照してください）。

また、オペアンプとR、C等の素子を組み合わせて様々な機能を実現できます。オペアンプは単体ICとしても市販されており、想定アプリケーションに応じて様々な仕様のものがあります。

集積回路内の一部の回路としてのオペアンプは後段回路による負荷がわかっていますが、単体ICのオペアンプの場合は接続される後段回路が様々な場合に対応して、出力回路の駆動能力が強化されています。

理想的なオペアンプは図1-14において次のようになります。

・ゲイン A がきわめて大きい　Vout = A (Vip − Vim)
・入力抵抗がきわめて大きい。Ip = 0, Im = 0
・出力抵抗がきわめて小さい
　必要に応じて Iout がいくらでも供給できます。

　もちろん理想的なオペアンプは電源電圧が低い、消費電力が小さい、ノイズが小さい、周波数帯域が広い、入出力範囲が広い (負電源から正電源電圧まで)、低コストプロセスで実現等もありますが、現実にはすべてを満たすことは困難です。

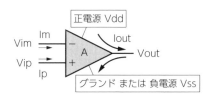

図 1-14　オペアンプブロック図

　オペアンプ回路は多くの場合出力をマイナス入力側に戻す負帰還で構成されます (図 1-15)。

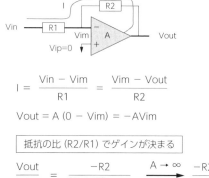

$$I = \frac{Vin - Vim}{R1} = \frac{Vim - Vout}{R2}$$

$$Vout = A(0 - Vim) = -AVim$$

抵抗の比 (R2/R1) でゲインが決まる

$$\frac{Vout}{Vin} = \frac{-R2}{\frac{R1+R2}{A} + R1} \xrightarrow{A \to \infty} \frac{-R2}{R1}$$

仮想接地 (Virtual Ground)

$$Vm = \frac{R2\, Vin}{(R1+R2) + AR1} \xrightarrow{A \to \infty} 0$$

オペアンプのゲインAは大きければよい

図1-15　オペアンプの負帰還構成とその解析

　オペアンプのゲインAが極めて大きい、例えばA = 10,000のとき入力 Vip − Vim = 1 [V] で、出力Vout = 10,000 [V] になるでしょうか？

　答えはもちろん「ノー」です。負帰還構成にするとVip − Vim ≒ 0となり、このときゲインAが10,000になり、非常に大きいという解釈になります（図1-16）。

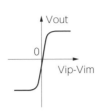

図1-16 オペアンプの開ループと閉ループゲイン特性

　ハロルド・ブラックは1927年に増幅回路で負帰還を使うことを考えつきました。増幅器の出力を入力に、逆相で戻し、出力から歪みをキャンセルする方法です。

　数年後にはハリー・ナイキストが負帰還増幅器の不安定を避ける手法を解析し（ナイキスト安定判別法）、ヘンドリック・ボードがシステム的手法（ボード線図、位相余裕、ゲイン余裕）を編み出し負帰還回路の理論が確立しました。負帰還はあらゆる目的の増幅器に使われるようになりました。負帰還が不安定になることがあるのは増幅回路に遅延があるためです。

　また、オペアンプの正式名称はオペレーショナル・アンプリファイア（Operational Amplifier）ですが、この用語を最初に用いたのは米国コロンビア大学のジョン・ラガジーニ教授です（1947年）。

　ナイキスト安定判別法は制御工学でも使われていますが、もともとは負帰還電子回路で生まれた技術です。制御工学は電子回路の基礎理論を詳しく教えていますので、アナログ回路を学ぶ場合、制御工学のテキストを紐解くのは有効です。

オペアンプを応用する際には、ほかの素子と組み合わせて所望の機能を実現します。図1-17にいくつかの例を示します。素子の接続方式で使い方を分類しますと次のようになります。

負帰還：増幅器、積分器、加減算回路、電源レギュレータ回路、ボルテージフォロア回路等
正帰還：弛張発振回路、ヒステリシスコンパレータ
帰還なし（開ループ回路で使用）：比較回路

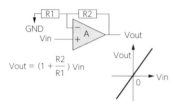

(a) 非反転増幅器　　　　　　　(b) 複数入力電圧の積和演算

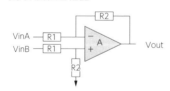
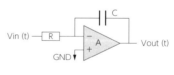

(c) 2つの入力信号の減算　　　　(d) 入力電圧の時間積分

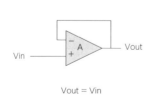
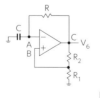

(e) ボルテージフォロア回路　　　(f) 正帰還による弛張発振回路

図1-17　オペアンプの様々な使い方

1.3.2 RFデバイス

高周波デバイス・回路は主に通信システム(図1-18)およびそれを測定する電子計測器で用いられます。

高周波回路の設計は、パワーで信号伝達する、配線は伝送線路として考える(インピーダンス整合(図1-19)、Sパラメータ、スミスチャート使用等)、設計シミュレータも異なる等アナログ回路設計とはかなり異なります。詳しくは参考文献をご覧ください。

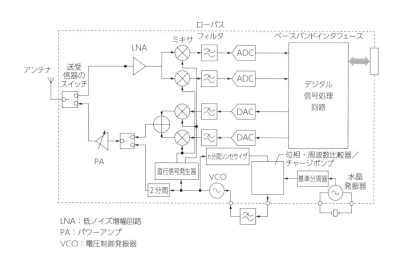

LNA：低ノイズ増幅回路
PA：パワーアンプ
VCO：電圧制御発振器

図1-18　典型的な無線トランシーバ回路ブロック

RF回路設計でも電力消費、ノイズ、線形性は設計トレードオフの関係にあります。また量産化の際にCMOSでRF回路を実現すると特性ばらつきが大きいですが、デジタル誤差補正・自己校正技術を併用してその問題を軽減できます。

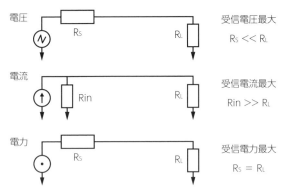

図1-19　電気信号の最大伝達の条件
$R_S = R_L$で最大電力を伝達（インピーダンス整合）

(1) 低ノイズ増幅回路（LNA：Low Noise Amplifier）

初段のアンプは低ノイズが要求されます。受信回路のノイズの計算では最終出力段のノイズを計算し、それを全体のゲインで割り、入力換算ノイズを求め、それが受信回路のノイズ性能になります（アンプのオフセットを求める場合も出力換算ノイズを計算し、全体のゲインで割り入力換算ノイズを求めます）。

ノイズを小さくするため、抵抗の代わりにインダクタが用いられます（図1-20）。

インダクタをチップ上で実現すると、面積が大きくなり、またできるだけ高いQを実現するため、CMOSでは最も上部のメタル層を用いて基板との容量と小さくしてインダクタを作ることがよく行われます。

受信回路は待機時も常に動作しているので、LNAはパワーアンプに比べて極めて低消費電力ですが、さらなる低消費電力化は重要です。

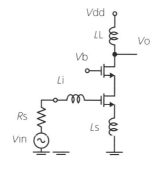

図1-20　低ノイズ増幅回路の例

(2) ミキサ回路

　周波数変換回路として入力信号を受信回路で低い周波数に変換する (Down Conversion)、送信回路で高い周波数に変換する (Up Conversion) にミキサ回路が用いられます。

　アナログ乗算器であるギルバートセル型ミキサ (図1-21) が使われることが多いですが、CMOSのスイッチング速度の向上に伴い、サンプリングミキサ回路 (図1-22) が用いられてきています。

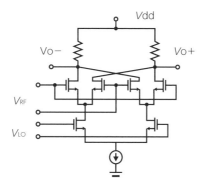

図1-21　ギルバートセル型ミキサ回路

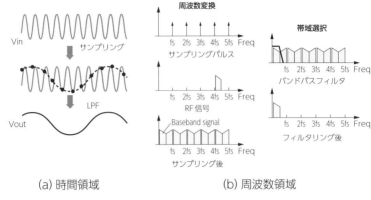

(a) 時間領域　　　　　　　　(b) 周波数領域

図 1-22　サンプリングミキサによるダウンコンバージョンの原理

(3) 周波数シンセサイザ（発振回路）

送受信回路での周波数変換のための発振回路の重要性能指標は位相ノイズです。

位相ノイズが大きいと受信回路の場合は妨害波を混信してしまい、送信回路の場合は他の信号帯域への妨害波を出力してしまいます。発振回路には、LC発振回路、リング発振回路、弛張発振回路がありますが、RF回路では位相ノイズが小さく高周波信号が生成できるLC発振回路が多用されます（図1-23 (a)）。

Lによりチップ面積が大きくなる問題もあります。また、Cをバラクタ（可変容量）で構成し、その電圧を制御することで所望の周波数を発生するよう位相同期回路（PLL：Phase Locked Loop）を用いて制御されます。高い出力周波数を分周器（デジタルカウンタ）で例えば周波数を8分の1にして、入力基準信号と位相・周波数を比較し同じになるようにフィードバックすることで、入力基準信号の8倍の出力周波数を得ることができます（図1-23 (b)）。

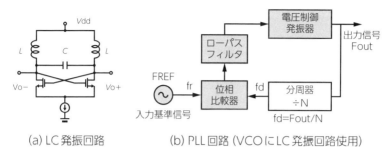

(a) LC発振回路　　(b) PLL回路（VCOにLC発振回路使用）

図1-23　発振回路とPLL回路

　また、デジタル技術を多用してPLL回路を実現する完全デジタルPLL回路も近年活発に研究開発されています。これはもともとデジタル半導体試験装置を用いて低コストテストできるようにしたいというのが開発動機です。

(4) パワーアンプ (PA : Power Amplifier)

　PAは送信時のみ動作しますが、RF回路の中で大きなパワーを扱うので高効率が求められます。

　PAの高効率化を実現するためには、化合物半導体やLDMOS (laterally diffused metal oxide semiconductor) 等を用いて他のトランシーバの他の回路別チップにしなければならないことが多いのですが、一部端末で低コスト化のため微細CMOSでの実現もなされてワンチップ・トランシーバも実現されています。

　パワーが一定の場合、電圧が小さいと電流を大きくしなければなりませんが、この場合寄生抵抗による損失が大きくなるので、低電圧化・高効率化の両立が難しいです。高効率化を実現するための包絡線追跡電源が端末では実用に近いレベルにあります（図1-24）。

パワーアンプは他のアナログRF回路とは一線を画した様々なノウハウが必要な独自の回路技術領域です。

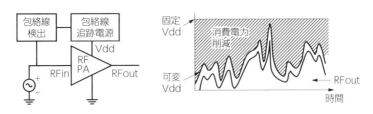

図1-24　包絡線追跡電源回路方式と電力削減の説明

1.3.3　インタフェース・デバイス

PCシステム上などで用いられている高速デジタルインタフェースでは、かつては並列（パラレル）方式が使われてきましたが、現在は直列（シリアル）方式が主流です（図1-25）。

直列方式は並列方式での各信号線間のタイミング・スキューの問題がなくなる、配線の専有面積が小さくてよいというのが主な理由です。

「0」「1」のデジタル信号を送受信しますが、高速で送るためシグナルインテグリティ、すなわちデジタル伝送信号品質の確保（動作帯域、信号反射の影響等アナログ信号・回路的な考慮）が重要です。その伝送回路の規格としてLVDS（Low Voltage Differential Signaling）等が提案・実用化されてきています。

また、直列信号と並列信号との変換を行う回路はSerDes（SERializer/DESerializer）と呼ばれています。並列伝送ではデータ線に加えてクロック線も用意しますが、直列伝送ではデータとク

ロックを1本の信号線に重畳して送信し、受信側でクロック・データ・リカバリ回路によりクロックとデータを分離する構成をとります。

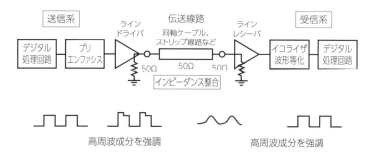

図1-25　高速デジタル伝送の基本回路構成

　高速デジタル信号伝送では電力モード伝送でインピーダンス整合をとり、複素インピーダンス整合により反射をゼロにする設計を行います。また伝送線路、送受信回路の帯域制限により、波形品質が劣化しますので、送信器側で低周波信号成分を減衰させる（デエンファシス）、高周波成分をブーストする（プリエンファシス）、受信回路側で高周波成分をブーストする（イコライズ）することが行われます。このため様々な回路方式が提案されてきています。

　また、ゲイン特性だけでなく位相特性も重要であることが指摘されています。

　高速デジタル信号伝送の信号品質評価にはアイ・ダイアグラムが用いられます。信号波形の遷移を多数サンプリングし、重ね合わせて表示したものです（図1-26）。

　この表示がeye（目）に見えることから、アイパターンと呼ばれています。

波形が同じ位置（タイミング・電圧）で複数重ね合っていれば、品質の良い波形であり、「アイが開いている」と呼ばれます。逆に波形の位置（タイミング・電圧）がずれている場合は、品質の悪い波形です。アイパターンを確認することで、縦の高さや横の幅からタイミングマージンと電圧マージンを評価できます。

タイミング余裕を減少させるのはジッタであり、高速化につれジッタの問題が顕著になってきます。またアイ・ダイアグラムとビットエラー率（Bit Error Rate：BER）の関係が得られます（図1-27）。

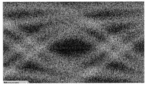

(a) アイが開いている　　　(b) アイが開いてない

図1-26　アイ・ダイアグラムによる信号品質評価
（株式会社アドバンテスト提供）

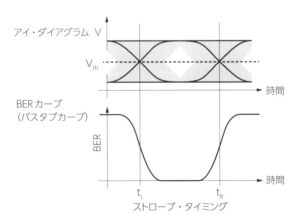

図1-27　アイ・ダイアグラムとビットエラー率

1.3 アナログ回路を設計する

表1-3 高速シリアル・インタフェース規格

	IEEE1394	USB (Universal Serial Bus)	PCI (Peripheral Component Interconnect) Express	Serial ATA (Advanced Technology Attachment)	HDMI (High-Definition Multimedia Interface)
概要	AV機器、コンピュータを接続する高速シリアルバス規格。i.LINKとも表示される	コンピュータ等情報機器に周辺機器を接続するシリアルバス規格の一つ	I/Oシリアルインタフェース、拡張バスの一種	コンピュータにドライブの接続のシリアルインタフェース	映像・音声のデジタル伝送の通信インタフェース標準規格
応用	デジタルビデオ機器、PC、フラッシュメモリ、AV機器、工業用CCDカメラ、スペースシャトル、戦闘機、マキントッシュ、VAIO	キーボード、マウス、モデム、プリンタ等をコンピュータに接続するインタフェース規格	PC向けインタフェース、3Dグラフィクス	ハードディスク、メモリドライブ、光学ドライブ用インタフェース	デジタル家電、AV家電 / 音声伝送、著作権保護、音声保護機能を備える
伝送速度	100Mbps 200Mbps 400Mbps 800Mbps 3.2Gbps	12Mbps 480Mbps 5Gbps 10Gbps 20Gbps	2.5Gbps 3.0Gbps 5Gbps 16Gbps	1.5Gbps 3Gbps 6Gbps	
特徴	ホットプラグ（活栓挿抜）可 / プラグ&プレイ可 / 接続プラグで電源供給 / 同時に64台接続可	ホットプラグ可 / 1つのポートで最大127台接続可能	多数レーン（～x64）使用して高速化		映像・音声・制御信号のケーブルを1本のケーブルで実現、AV機器の配線を簡略化可 / ADC/DAC不要
備考	複数企業の複数特許	特許使用料は無料			

また、高速パラレルインタフェース規格としては、IEEE1284、パラレルATA (Advanced Technology Attachment)、SCSI (Small Computer System Interface) 等があります。

1.3.4　イメージャ

2次元または1次元の空間分布として光信号を取り込み電気信号に変換するイメージャは民生用 (スマートフォンなど)、科学技術用で応用・市場はますます広がっています。

もともとはCCDがよく用いられていましたが、現在は低コスト (標準CMOSプロセス使用)、他の回路との集積化可能、要求される電源電圧値の数が少ない、CMOSイメージャの性能 (感度・SN比) が向上しているとの理由でCMOSイメージャが多用されています。リーマンショック後くらいの時期で入れ替わりました。

多くの画素からのデータを効率良くデジタル信号に変換するための (多数個配列の) A/D変換器も重要で、回路系国際会議では活発な発表がなされています。現状CCD/CMOSイメージャは日本メーカーが圧倒的に強い状況です。

CCDはAT&T ベル研究所でウィラード・ボイル、ジョージ・E.スミスらによって研究され、同氏らは2009年にノーベル物理学賞を受賞しました。

受光部はフォトダイオードです。最初に入射光電荷が充電され、受光素子であるフォトダイオードは、半導体素子に光が当たると電荷 (電子) を発生する光電変換により、発生電荷を接合容量に蓄積します。

CCDはこの電荷の転送に特徴があります。電荷の並列一列シフトと電荷の縦列一列シフトが繰り返され、全データが掃き出されま

す。最後に電荷信号が増幅されます。

　商用化では日本メーカーが大きな貢献をしてきています。高感度で画質（信号ノイズ比）がよいですが、少し特殊な専用プロセスを使用しなければならない、消費電力が多くなる、複数電源電圧が必要というのがやや難点です。

　CMOSイメージャは旧世代CMOS製造ラインを活用でき（低コスト）、他のCMOS回路も集積化できるというメリットがあります。また、感度や画質も性能が向上しつつあり、CCDと同等レベルに近づきつつあります。受光素子はCCDと同じくフォトダイオードですが、画素ごとに信号電荷を電圧に変換・増幅してから画素の選択制御により順序よく取り出されます。

　CCD/CMOSイメージャの感度向上として2つのアプローチがあります。

　一つは信号の増幅として、光電流を増幅します。例えば、イメージインテンシファイア、EMCCD (Electron Multiplying CCD) があります。もう一つはノイズの低減として暗電流を低減します。例えば天体観測用では−90℃までCCDイメージャを冷却して暗電流を低減します。

　CCD/CMOSイメージャチップの量産出荷時テスト用には専用の半導体試験装置が用意されています。

1.3.5　A/D, D/A変換デバイス

(1) アナログ信号とデジタル信号

　アナログ信号は時間、振幅とも連続的な信号です。一方、デジタル信号はサンプリング（時間の量子化）と振幅の量子化で特徴づけられます（図1-28、1-29）。

自然界の信号はアナログですが、デジタルコンピュータ内の信号はデジタルであり、信号処理や記憶はデジタル信号として行われます。

自然界のアナログ信号をコンピュータ内に取り込むためのデジタル信号に変換するA/D変換器、およびコンピュータ内のデジタル信号をアナログ信号に変換して自然界に出力するためのD/A変換器はデジタル信号処理システムのキーコンポーネントです。それらの性能は年々向上し、設計に加えてテストも重要になります。

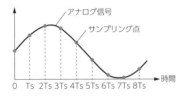
図1-28　波形のサンプリング

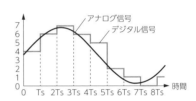
図1-29　振幅の量子化

(2) D/A変換器

サンプリングクロックごとに更新されるデジタル信号入力に応じて基準単位電圧（または電流、電荷）のそのデジタル整数値倍のアナログ信号を出力するのがD/A変換器です（図1-30）。

D/A変換器の性能向上は使用半導体プロセスによるところが大きく、A/D変換器に比べ回路的な工夫の余地は限定されています。

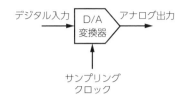

図1-30　D/A変換器の入出力

D/A変換器アーキテクチャはナイキスト型とオーバーサンプリング型に大別できます。

ナイキスト型は2進重み付け構成とユナリ構成に大別できます。

図1-31に2進重み付けされた電流源と抵抗からなる2進重み付けD/A変換器を示します。

回路は簡単で高速動作ができますが、電流源が製造ばらつきにより正確に2進重み付けが実現できないため単調性が保証できない、微分非直線性が大きい、入力データの切り替わりの過渡状態においてスイッチのオンオフのタイミング・スキューによるグリッチが大きいという欠点を持っています。

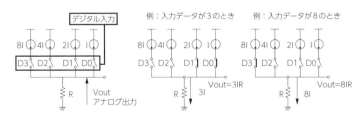

図1-31　電流型2進重み付けD/A変換器

表1-4　電流型2進重み付けD/A変換器の動作

2進重み付けD/A変換回路（原理）

デジタル入力データ	スイッチ D3	D2	D1	D0	出力 Vout
0	0	0	0	0	0
1	0	0	0	1	IR
2	0	0	1	0	2IR
3	0	0	1	1	3IR
4	0	1	0	0	4IR
5	0	1	0	1	5IR
6	0	1	1	0	6IR
7	0	1	1	1	7IR
8	1	0	0	0	8IR
⋮		⋮			⋮
15	1	1	1	1	15IR

スイッチ1のときON
0のときOFF

デジタル入力データに比例したアナログ出力Voutが生成される。

図1-32に 電流型ユナリ型D/A変換器の回路を示します。

同一の値の電流源が用いられ、例えばデジタル入力が7の場合は7個のスイッチがオンになり、抵抗Rに電流7Iが流れて出力電圧Voutは7IRになります。製造ばらつきにより電流源間のミスマッチが生じますが、ユナリ構成は単調性が原理的に保証され微分非直線性が小さい、グリッチが小さいというメリットがあります。2進入力信号を温度計コードに変換するデコーダ回路が必要で、また電流源およびスイッチの数が大きくなり回路規模が大きくなってしまいスピードは制限されます。

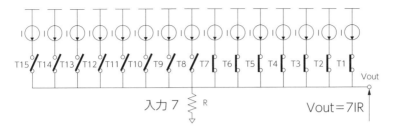

図1-32　電流型ユナリ型D/A変換器

　2進重み付け型とユナリ型の両方の良いところを生かして上位ビットはユナリ構成、下位ビットは2進重み付け構成がよく利用されます。グリッチが小さく高速で回路規模はそれほど大きくないというバランスが取れた構成が実現できます。

　全体のビット数に対してどれだけの上位ビット数をユナリ構成にするかが設計のポイントになります。

　回路は抵抗を用いる構成と容量を用いる構成があります。

　抵抗を用いる方式は出力電圧がグランド-電源電圧のフル振幅を実現するのは難しい、定常電流が流れて低消費電力化には適さないという欠点がありますが、電流源と併用すると最高速のD/A変換器が実現でき、またDC信号出力の場合はクロックを不使用にすることができるので安定な直流信号を出力することができます。

　一方、容量を用いる方式は低消費電力化に適しています。また、集積回路内では容量のほうが抵抗より比精度がよい場合が多く、高精度D/A変換器を実現しやすいというメリットがあります。一方多くの場合オペアンプ回路が必要になります。

　オーバーサンプリング型（ΔΣ型）は比較的低周波信号を高分解能・高線形性で生成でき、電子計測器、オーディオ等に利用されて

います。大部分がデジタル回路で実現でき、クロック周波数が上がると高性能化できるので、微細CMOSでの実現に適した構成です。また、後段のアナログ平滑化フィルタもオーバーサンプリングの恩恵を受け簡易化できます。

また、D/A変換器はA/D変換器内部の構成要素の1つともなり、その線形性はA/D変換器全体の線形性を決める重要な回路になります。

(3) A/D変換器

アナログ信号は時間、振幅とも連続です。一方デジタル信号は時間、振幅とも離散的な信号です。

A/D変換器は、入力信号がアナログ信号であり、その波形の時間サンプリングにより時間を離散化します。その回路がトラックホールド回路です。

次にそのホールドされた信号の振幅を基準単位電圧(電流)の何倍(整数倍)に近似できるかということで比較器により離散化・量子化し、その値を2進数表現に符号化します(図1-33, 1-34)。

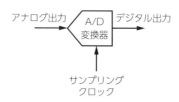

図1-33　A/D変換器の入出力

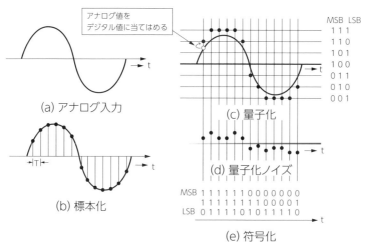

図1-34　A/D変換の処理の流れ

　アナログ信号波形を一定時間間隔でデータを取り、残りを捨ててしまう操作をサンプリングといいます（図1-28）。

　サンプリングを行うとスペクトルの折り返しが生じます（図1-35）。例えば80MHzでサンプリングを行うと10MHzと70MHzは区別できません（図1-36）。80MHz ＝ 70MHz ＋ 10MHz の関係があります。

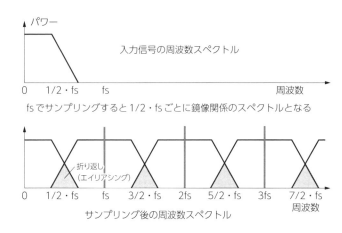

図1-35　サンプリングによるスペクトルの折り返し

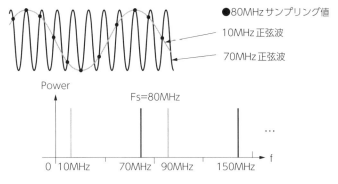

図1-36　10MHz正弦波と70MHz正弦波の80MHzでのサンプリング

　このスペクトル折り返しの影響を避けるために、入力周波数finが高周波になるとサンプリング周波数fsを高くしなければなりません。すなわちサンプリング定理から、

$$2\,fin < fs$$

の関係を満たさなければなりません。

別の言い方をすれば(特殊な使い方の場合を除けば)、A/D変換器の入力信号帯域 fin は fin < fs/2 となります。

このため、A/D変換器の前段にローパスフィルタを設け、fs/2以上の信号を除去することが行われます。このアナログフィルタはアンチエイリアス・アナログフィルタといわれます。

波形をサンプリングする基本的な開ループ・トラックホールド回路を図1-37に示します。

一般に開ループは閉ループに比べて高速ですが精度・線形性は低くなります。

A/D変換器の分解能は、入力レンジに対してどの程度の離散化をしたかを表します。

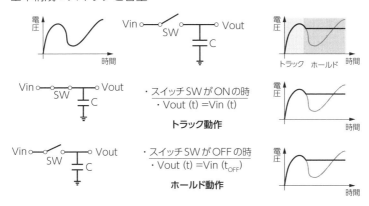

図1-37　基本的な開ループ・トラックホールド回路

図1-38に示すように、例えば8ビットは$2^8 = 256$レベル、10ビットでは$2^{10} = 1024$レベルです。離散化による誤差は量子化ノイズと呼ばれます。

理想的なA/D変換器では、分解能がNビットの場合、入力レンジフル振幅の正弦波入力を考えます。デジタル出力は量子化ノイズが含まれるので、信号ノイズ比を理論計算すると次が得られます。

$$SNR = 6.02N + 1.92 \text{ [dB]}$$

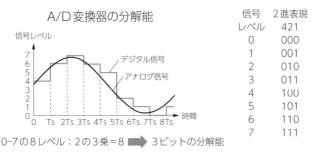

図1-38 振幅の量子化

A/D変換器のアーキテクチャは、大別すると、ナイキスト型とオーバーサンプリング型（$\Delta\Sigma$型）になります。

ナイキスト型アーキテクチャは代表的なものに次のものがあります。

a) フラッシュ型：比較器を多数並列に並べて一遍に比較を行う最高速A/D変換器構成です。低分解能超高速A/D変換器アーキテ

クチャとして用いられています。

b) パイプライン型：米国の大学 (カリフォルニア大学バークレー校) から提案されました。その冗長構成が日本から提案されて産業界にて一気にCMOS A/D変換器の主流のアーキテクチャになっています。図1-39に示す回路を10進数で説明します。

2ステップ方式：アナログ入力Vinが35.7の場合、粗いA/D変換器で10の桁の「3」の値を得ます。その「3」を入力とするD/A変換器で30.0のアナログ信号を得て、入力35.7との差5.7を得ます。その値を10倍して「57」を得て、粗いA/D変換器で35.7の1の桁「5」を得ます。最初に得た10の桁「3」と合わせてデジタル出力「35」を得ます。

パイプライン方式：35.7の1の桁「5」を得るのと並行して、同時に次のアナログ入力の10の桁を得る構成をパイプライン方式と呼びます。

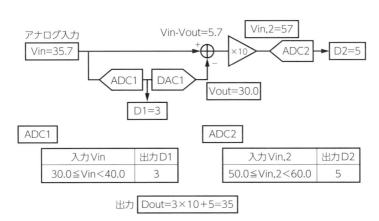

図1-39 パイプライン型A/D変換器の構成

c) 逐次比較近似型：天秤の原理で構成・動作します（図1-40）。オペアンプを使用しなくてよいので、微細CMOSでの実現に適しています。現在、応用・実用化、研究で主流の方式です。高分解能、中速サンプリング、小チップ面積、低消費電力向け応用として産業界で幅広く使用されており、学会にて活発に研究発表されています。

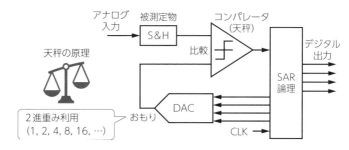

図1-40　逐次比較近似A/D変換器の構成

d) インターリーブA/D変換器：M個のチャネルA/D変換器のインターリーブでM倍のサンプリングレートを実現します（図1-41）。電子計測器等で用いる超高速A/D変換器の実現のためのほか、低消費電力A/D変換器のためにもこの方式が使用されています。問題点としてはチャネルA/D変換器間の特性ミスマッチの影響により（何も補正しなければ）、パターンノイズやスプリアスが生じます。この補正技術が様々提案されてきています。

ΔΣ型A/D変換器は安田靖彦先生の発明です。そこではオーバーサンプリング（図1-42）とノイズシェーピングの技術（図

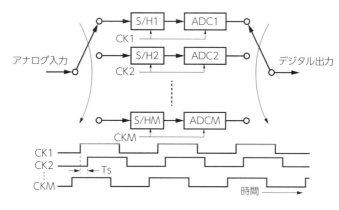

図1-41　インターリーブA/D変換器の構成

1-43、1-44) が用いられています。

　オーバーサンプリングにより高い周波数のサンプリングクロックを用いるので、A/D変換器前段のアンチエイリアスフィルタの要件を緩和することができます。すなわちアナログフィルタ回路が簡単でよくなります。

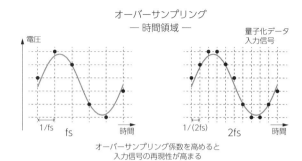

(a) 時間領域

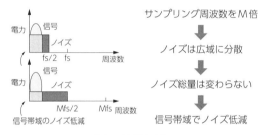

(b) 周波数領域

図1-42　オーバーサンプリングによるA/D変換器分解能向上

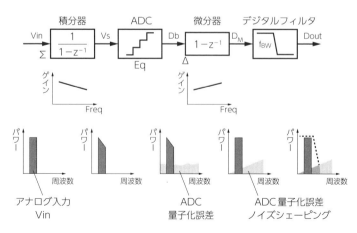

図1-43　ΔΣ変調による量子化ノイズの低周波信号帯域での低減の原理

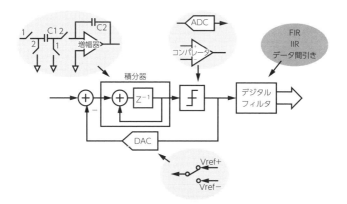

図1-44 ΔΣ A/D変換器構成
（図1-43の等価実現）

　その発明当時は集積化技術がまだ十分に発達しておらず、デジタルフィルタを実現するのが難しく実用化は限定されていたようです。現在は逆にデジタルフィルタが微細CMOSで容易に実現でき、アナログ回路は最小であるので、先端LSI技術での実現に適している構成で大幅に性能が向上し、アプリケーションがオーディオ、電子計測から通信分野まで広がっています。

　内部積分回路がスイッチトキャパシタ回路（図1-45）で実現する離散時間型と連続時間アナログフィルタを用いる連続時間型に大別されます（図1-46）。

　図1-45に示すスイッチトキャパシタ回路は、容量とスイッチで等価的に抵抗を実現します。この回路を用いて積分器を構成した場合、その時定数をプロセス・温度変動に対してほぼ一定にできます。

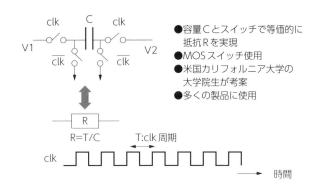

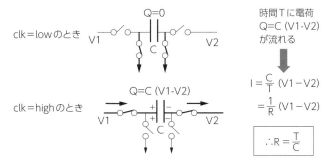

図1-45　スイッチトキャパシタ回路

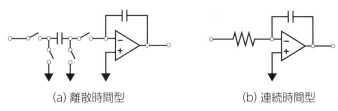

(a) 離散時間型　　　　　　　　(b) 連続時間型

図1-46　積分器回路

コラム　　　　　　　　　　　　　　　　Column

フィルタあれこれ

　アナログ回路の設計になくてはならないフィルタですが、ここまでも示してきたように、様々なフィルタが使われています。

　RFデバイスではローパスフィルタやバンドパスフィルタ、D/A変換デバイスでは平滑化フィルタなどが用いられます。それ以外にも、ハイパスフィルタなどもあります。

　同じフィルタでも、イメージャデバイスに用いられるカラーフィルタは光学デバイスなので、少し種類が異なります。

1.4 半導体の設計手法について

1.4.1 設計メソドロジ

図1-47に示すように、LSI回路の設計フローは、仕様設計、システム設計、機能設計、論理設計、テスト設計、レイアウト設計などの作業からなります。これらの作業の多くは、EDA (Electronic Design Automation：電子設計自動化)ツールを利用して行います。

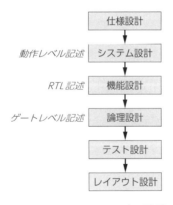

図1-47 LSI回路の設計フロー

(1) 仕様設計

仕様設計では、市場や顧客のニーズや要望に基づいて、動作仕様や設計制約(コスト、性能、消費電力)を決めます。仕様設計は人手に頼ることが多いですが、設計方法の定式化やUML (Unified

Modeling Language：統一モデリング言語) による表現の統一が図られています。

(2) システム設計

　システム設計は動作レベル設計とも呼ばれます。ここでは、システムの実現方式の決定 (アーキテクチャ、アルゴリズム)、システムの分割 (ハードウェアで実現する部分とソフトウェアで実現する部分の切り分け)、機能ブロックへの割当が行われます。その結果として、動作レベル記述が得られます。システム設計の特徴は、動作 (アルゴリズム) のみを設計し、その実装とは独立している点です。

(3) 機能設計

　機能設計とは、ハードウェア処理 (データ処理回路と制御回路) の設計、およびクロックレベルのタイミング設計のことで、RTL (Register Transfer Level：レジスタ転送レベル) 設計とも呼ばれます。その特徴は、レジスタや演算回路とそれらの制御を決めるために、クロックごとのレジスタ間のデータ転送を設計する点です。

　RTL記述には、Verilog HDL (Verilog Hardware Design Language) やVHDL (VHSIC Hardware Description Language) 等のハードウェア記述言語を用います。前者はIEEE 1364、後者はIEEE 1076-2008といった国際規格になっています。Verilog HDLやVHDLは、ソフトウェアを記述するためのプログラミング言語 (C++等) と異なり、レジスタや演算回路の並列動作を記述できることから、シミュレーションや論理合成 (ゲートレベル回路の自動生成) を可能にしています。

機能設計では、System CやSpec Cといったシステム・レベル言語で表現された動作レベル記述からRTL記述をEDAツールで自動的に生成する高位合成というアプローチや、Verilog HDLやVHDLでRTL回路を直接に記述するというアプローチがあります。

高位合成では、データフローグラフで依存関係が表された演算を実行するサイクルを決めるためのスケジューリング、各演算を演算器に割り当てるためのアロケーション、それらの回路要素を制御する回路を生成するための制御回路生成といった処理を行います。アロケーションでは、回路に実装する演算器やレジスタの数が少なくなるように、演算器やレジスタのシェアリングによる最適化を行います。RTL回路の直接記述は現段階では主流ですが、設計効率向上の観点からは高位合成の普及が期待されています。

(4) 論理設計

論理設計とは、第1章1.2.1に示しているような論理素子 (NOT、NAND、NOR等) と記憶素子 (フリップフロップ等) を用いた回路設計のことです。その結果、回路を構成するすべての素子、および素子間の接続情報を含むゲートレベル記述であるネットリストが得られます。

論理設計では、RTL記述からネットリストをEDAツールで自動的に生成する論理合成を利用することが一般的です。論理合成には、(1) RTL記述からゲートレベル記述へのマッピング (任意の素子によるRTL記述の実現)、(2) テクノロジー非依存型最適化 (論理簡単化、状態割当)、(3) テクノロジーマッピング (セルライブラリにある製造使用可能な素子による論理設計の実現)、(4) テクノロジー依存型最適化 (多段論理最適化、速度・面積・消費電力の最

適化) といった4つの主なステップがあります。論理合成は、コストや性能の制約に基づいて様々な組み合わせ回路 (レジスタ構造は固定) を効率よく生成することができます。

(5) テスト設計

論理設計により、要求された機能を実現するネットリストが得られます。それに基づいて、製造されたチップの良否 (製造欠陥の有無) を判定するテストのしやすさを向上させるためのテスト容易化設計 (DFT：Design For Testability)、およびテスト入力値と期待応答値からなるテストデータの生成を含むテスト設計を行います。

主なDFT手法としては、スキャン設計、テストポイント挿入、テスト圧縮、組み込み自己テスト、バウンダリスキャン等があります。また、製造欠陥検出用のテスト入力値 (テストパターンとも呼ぶ) は一般に、ATPG (Automatic Test Pattern Generator：テストパターン自動生成) ツールで生成します。

(6) レイアウト設計

論理設計とテスト容易化設計の結果として、回路を構成するすべての素子、および素子間の接続情報を含むゲートレベル記述であるネットリストが得られます。レイアウト設計とは、ネットリストに基づいて、各素子のシリコン表面への置き場所、および素子間の接続を行う信号線の経路を決定する作業のことです。

レイアウト設計は、フロアプラン、配置、グローバル配線、クロック配線、および一般配線からなります。そのためには、ネットリストで使用される基本ゲートのレイアウト情報が必要です。

図1-48は、CMOS論理の2入力NANDゲートと2入力NORゲートのレイアウトを示します。

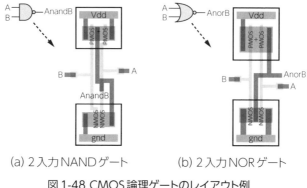

(a) 2入力NANDゲート　　(b) 2入力NORゲート
図1-48 CMOS論理ゲートのレイアウト例

① フロアプランと配置

フロアプランでは、個々の素子ではなく素子のかたまりである機能モジュール単位でシリコン表面のどこへ置くかを決めます。この作業は人手で行われることが多いです。

一方、配置では、フロアプランで決定した機能モジュールの領域の中で、それを構成する個々の素子をどこへ置くかを決めます。配置は、初期配置の生成、配置の改善の2階段で行われます。一般に、配線の領域と配線の長さには相関があるといわれています。そのために、配置の良し悪しの評価基準として総配線長の見積もり値を利用します。

② グローバル配線

グローバル配線では、機能モジュール同士を結ぶ比較的長い配線や、各機能モジュールに対して電源配線とグランド配線を行います。一般に、回路全体で電源とグランドのリングを張った後に各モジュールに電源とグランドのリングを張ります。

③ クロック配線

クロック配線では、回路のクロック入力ピンから回路内のすべてのフリップフロップへクロック線を通します。同期式回路の正しい動作を保証するためには、各フリップフロップでのクロック信号到着時刻のずれ (クロックスキューとも呼ぶ) を最小化することや、クロック信号の強度を保証することが必要です。そのために、各フリップフロップのクロック端子までのクロック信号の遅延がなるべく等しくなるような配線アーキテクチャの使用や、バッファ (クロックバッファとも呼ぶ) の段階的挿入などの手法を用います。

④ 一般配線

一般配線では、モジュール間や素子間などの接続を実現するための配線を、概略配線と詳細配線の2段階に分けて行います。通常、配線領域はチャネルに分割されます。概略配線は各配線をどのチャネルに割り当てるかを決定し、詳細配線はチャネル内部での最終的な幾何学的形状を決定します。一般配線においては、配置された素子や、すでに決定された配線 (電源配線、グランド配線、クロック配線) などの障害物を避ける必要があります。

⑤ レイアウト検証

レイアウト設計の結果は、GDSII (Graphic Data System II) と呼ばれるデータフォーマットで記述されます。GDSIIファイルでは、長方形は左上と右下の座標で表されており、直線は始点と終点の座標と太さで表されています。

GDSIIで記述されたレイアウトデータは、LSI回路製造プロセスにおいてシリコンに転写するために必要なフォトマスクの元となるので、その正しさを検証する必要があります。レイアウト検証の概要については第1章1.4.2で述べます。

(7) DFM (Design for Manufacturability：製造容易化設計)

半導体集積回路製造の中心に位置するリソグラフィプロセス (シリコンウェーハへの微細レジストパターン形成) において、露光装置における光源の短波長化などの微細化技術が進展する中で高い製造歩留りの実現が困難になってきています。そのため、設計段階において製造のしやすさを考慮したレイアウトを作成するというDFM (Design for Manufacturability：製造容易化設計) が必須となっています。

図1-49にDFMの一例を示します。修正前のレイアウト (a) では、中央の配線が細り、製造プロセスのばらつきによって断線しやすいホットスポットが生じています。DFMによる修正の結果、(b) のようにホットスポット箇所の上下の辺は太くなり、断線しにくいレイアウトになります。

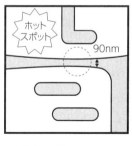 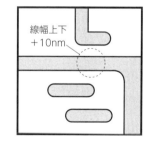

(a) 修正前レイアウト　　　(b) 修正後レイアウト

図1-49 ホットスポット対処DFMの例

(8) 各種コスト

　LSI回路の開発には、設計コスト、マスクコスト、テストコスト等がかかります。設計コストには、設計だけでなく検証のコストも含まれます。マスクコストは、プロセスの微細化に伴って高くなるほか、設計の不具合などで再設計や再製造をしなければならない場合は、新しいマスクのためのコストが追加されます。製造されたチップの良否の判定にかかるテストコストには、テスト設計コストに加え、チップ1個当たりのテスト実施コストも含まれます。

(9) ハードウェア・ソフトウェア協調設計

　一般にマイクロコントローラを含むシステムLSI (System LSI)には、ソフトウェアで実現する機能とハードウェアで実現する機能が混在します。ハードウェア・ソフトウェア協調設計とは、ハードウェア部とソフトウェア部の設計を連携させながら、かつ同時並行で進めることによって、システム全体の性能・コストの最適化を図りやすくする設計手法です。

ハードウェア・ソフトウェア協調設計は大きく分けて、システムの仕様や機能を決定する段階、各機能をハードウェア部とソフトウェア部に分割する段階、およびシステムのハードウェア設計とソフトウェア設計の統合検証を行う段階からなります。

ハードウェアとソフトウェアを計算機上の疑似環境で同時にシミュレーションすることによって、高精度かつ高効率な検証を実現できるようになります。その結果、システム開発の期間が長くなり、コストも低くなります。

1.4.2 設計検証

設計した回路には、設計段階で誤りが含まれていることがあり、そのまま製造すると誤動作してしまうことがあります。設計した回路が仕様通りに所望の動作をすることを確認する作業を、設計検証 (Design Verification) といいます。設計誤り (Design Error) は前節で述べた設計工程のあらゆる段階で入ってくる可能性があり、誤りの含まれた回路は誤りのないものに修正する必要があります。設計の初期の段階で設計誤りが生じ、その誤りの発見が遅れると再設計への手戻しが遅れ、設計コストの観点で大きな無駄につながります。設計誤りをできるだけ早く見つけるため、設計の各段階で検証を実施します。

大規模な回路では、機能検証にかかる時間が設計時間の過半を占めており、検証を効率的に行うことが、開発全体の効率化に必須となっています。検証手法は、設計のどの段階の検証であるか、何を検証するかで様々存在しますが、以下では、代表的な検証工程の概要を説明します。

(1) 機能検証・論理検証

設計した回路の機能が仕様を満たしている、または設計者の意図通りになっていることを確かめるのが機能検証です。設計のどの段階で行われるかによって、検証対象となる回路の記述は、動作レベル記述、RTL記述、または、ゲートレベル記述と変わってきます。

機能検証の手法は、シミュレーションに基づく検証と形式的検証の2つに大別されます。シミュレーションに基づく検証は、図1-50に示すように、回路記述とテストパターンを入力とし、与えられたテストパターン対する回路の動作をコンピュータ上に模擬し、そのテストパターンに対する動作結果を出力します。シミュレーションを行うための仮想的環境をテストベンチ (Test Bench) といいます。シミュレーションで得られた動作結果が期待値と一致していれば、そのテストパターンでは回路が正しく動作することを確認でき、不一致であれば、回路に誤りがあることがわかります。一致か不一致かの比較は、必ずしも外部出力で行う必要はなく、回路内部の観測したい箇所のモニタで行うこともできます。

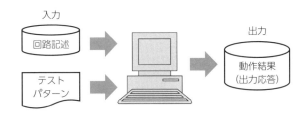

図1-50　シミュレーションによる検証

テストパターンは、設計者が実際に回路を使うケースを想定して用意することもあれば、擬似ランダムに生成したパターンを使うこともあります。また、テストパターンの内容は、対象回路の種類や記述レベルでも変わります。例えば、システムレベルでCPUコアの検証を行うときのテストパターンはCPUの命令列になりますが、ゲートレベルの論理回路では、0、1、X（不定値またはドントケア）のような論理値になります。

シミュレーションによりどこのどのような誤りが検出できるかは、使用するテストパターンに依存します。シミュレーションに使うテストパターンの組み合わせは膨大にあるため、どれだけのテストパターンで検証をすれば十分なのかが問題になります。たくさんのテストパターンで検証すればより多くの動作を確認できますが、それだけ計算時間がかかります。回路がどの程度検証されたかの網羅性を定量化した指標として、カバレッジ (Coverage) があります。カバレッジを計算するときの基準としては、シミュレーションで評価された回路記述の行の割合や回路の信号値の変化が起きた信号線の割合等によるコードカバレッジや、機能に着目してチェックポイントや動作条件を設計者が指定する機能カバレッジがあります。

機能検証の効率を向上させる手段に、アサーションベース検証 (Assertion-Based Verification) があります。アサーションは検証対象の回路で期待されている動作や禁止されている動作を記述したもので、それを回路記述に組み込んでシミュレーションを実行することで早期に誤りを検出でき、また誤り原因の解析も行いやすくなります。

形式的検証 (Formal Verification) は、入力に対する網羅性を保証する検証手法で、プロパティチェッキング (Property Checking)

と2つの回路の等価性判定 (Equivalence Checking) の2種類に分けられます。

プロパティチェッキングは、設計した回路が与えられた仕様を満たしているかどうかを検証します。ここでの仕様は、回路が満たすべきプロパティを記述したもので、アサーションを用いることができます。記述されたプロパティに対しては網羅的に検証できますが、回路が満たすべきすべてのプロパティを漏れなく記述することは困難で、記述されなかったプロパティに対しては検証漏れが生じます。

2つの回路の等価性判定は、回路記述を人手で変更した場合に、変更前後の回路が等価であることを確かめるときに有効です。人手による回路変更は設計誤りが入る余地が生じるからです。回路Aと回路Bが等価であることを示したいとき、図1-51に示すように、2つの回路に同じ入力パターンが印加されるように入力を接続し、各回路の出力の排他的論理和をとる回路を作成します。この回路の出力値がどのような入力パターンに対しても0となることを証明できれば、元の2つの回路は論理的に等価であるといえます。

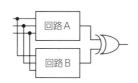

図1-51　論理回路の等価性判定

シミュレーションに基づく検証と形式的検証は、互いに異なる特徴を持っています。シミュレーションに基づく検証はテストパター

ン数に比例して計算時間が増加しますが形式的検証はテストパターンを用いることなく高速に処理可能です。また、網羅性の確保の観点からも形式的検証には優位性があります。一方で、扱うことのできる回路規模の観点からは、シミュレーションに基づく検証に優位性があります。したがって、二つの検証手法を組み合わせて運用することで、効率的な機能検証が可能になります。

(2) タイミング検証

設計した回路の論理機能のみを確認する論理シミュレーションでは、回路内を信号値変化が伝わる遅延を考慮せず、値が安定した状態の信号値を計算します。しかしながら、実際には回路内を信号値変化が伝わる時間が必要で、遅延が発生します。遅延が発生する要因として、ゲート遅延と配線遅延があります。ゲート遅延は論理ゲートを構成するトランジスタのスイッチングに時間を要することに起因します。一方の配線遅延は、配線の電位が変化するために時間を要することに起因します。

論理回路レベルで、論理シミュレーションを遅延時間も含めて行うことをタイミングシミュレーションといいます。タイミングシミュレーションを行う際のゲート遅延の扱いには、以下のようなモデルがあります。

・純粋遅延 (Pure Delay)：ゲートの入力の信号値変化が、論理ゲートの種類ごとに決められた一定の時間遅れてその出力に現れるとする遅延モデルで、ユニット遅延と呼ばれることもあります。

・慣性遅延 (Inertial Delay)：入力の変化後の信号値が一定時間以上保持されなければ、信号値変化は出力に現れないという制約を

持った遅延モデルです。

- **立ち上がり・立ち下がり遅延 (Rise-Fall Delay)**：ゲートの出力値が0から1に変化する立ち上がりと1から0に変化する立ち下がりで異なる遅延時間を割り当てる遅延モデルです。
- **最大・最小遅延 (Min-Max Delay)**：遅延時間は同じゲートでもばらつきがあることを考慮して、最大遅延と最小遅延の2つの時間をペアで与え、信号値変化はその2つの時間の間のどこかで起きるとする遅延モデルです。

NOTゲートを例とした各遅延モデルのタイミングチャートを図1-52に示します。

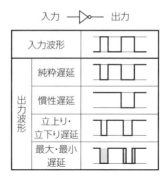

図1-52 ゲート遅延のモデル

配線遅延を考慮したタイミングシミュレーションを行うには、配置・配線後のレイアウト情報も必要になります。レイアウト設計後にSDF (Standard Delay Format) と呼ばれる形式で記述された遅延データを用いることで、より精確なタイミングシミュレーションを行うことができます。フリップフロップの出力で発生した信号

値変化がフリップフロップの入力に伝わるときの経路(パス：Path)が長ければ、遅延時間は大きくなります。回路の最大遅延時間を与える経路をクリティカルパス(Critical Path)と呼び、クリティカルパスの遅延時間がクロック周期やフリップフロップのセットアップ時間等の制約を満たすよう設計する必要があります。静的タイミング解析(STA：Static Timing Analysis)は、回路の構造から、回路の論理機能とは無関係に最大遅延時間を求める手法です。製造プロセスの微細化が進むにつれ、実際に製造された素子やパスの遅延のばらつきが大きくなっています。静的タイミング解析において素子の遅延のばらつきを統計量として解析することにより、解析結果が悲観的になることを回避する統計的静的タイミング解析(SSTA：Statistical STA)も知られています。

(3) レイアウト検証

　レイアウト設計後に行われるレイアウト検証には、DRC (Design Rule Check) とLVS (Layout Versus Schematic)の2つの工程があります。

　DRCでは、レイアウトで得られた各マスク層を2次元図形とみなしたときの形状が、製造プロセスごとにあらかじめ決められた規則を満たしているかどうかをチェックします。チェックの際は、単に図形として幾何学的形状を調べるだけで、その図形が何の素子を表すのか、および、どのような意味を持つのかは考慮しません。チェック項目としては、図1-53に示すような

(a) 図形の線幅が最小値以上か
(b) 2つの図形の距離が最小値以上離れているか

(c) ある図形が他の図形に包含されるときの内側から外側までの距離が最小値以上か

の3項目があります。DRCは、そのレイアウトで製造可能であることを検証するもので、DRCで発見されたエラーはすべて解消しなければ、製造工程に進むことができません。

　LVSは、論理設計で得られた回路がレイアウトで正しく実現できているかどうかをチェックします。レイアウトの幾何学的形状からトランジスタやその接続情報を抽出したトランジスタレベルの回路と、論理設計で得られたゲートレベルの回路をトランジスタレベルに変換した回路とを比較して、そこで不一致があれば、レイアウトがゲートレベルの回路を正しく実現していないことになります。未接続のゲートがある場合などもエラーとして出力されます。

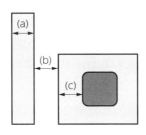

図1-53　DRCにおけるチェック項目

1.4.3　テスト容易化設計

　テスト容易化設計（DFT：Design For Testability）とは、論理回路の機能を変えずにそのテストをしやすくするために施された回路変更や回路追加のことです。主なテスト容易化設計手法として、

スキャン設計、テストポイント挿入、組み込み自己テスト、バウンダリスキャン等があります。最近、フリップフロップ数の増加に伴ってテスト時間やテスタに必要な記憶容量が増える問題を緩和するためのテスト圧縮の手法も開発されています。

(1) スキャン設計

スキャン設計 (Scan Design) は極めて困難な順序回路向けテスト生成問題を比較的簡単な組み合わせ回路向けテスト生成問題に置き換えるための技術です。それによって、短いテスト生成時間と少ないテストパターンで高い故障検出率を達成できる他、故障回路の振る舞いを求める故障シミュレーションや故障診断も容易になります。

図1-54にスキャン設計とスキャンテストの例を示します。図1-54 (a) はスキャン設計を施す前の順序回路です。外部入力値の直接制御と異なって、3つのDフリップフロップ (D-FF) の出力である内部入力を任意の論理値に制御することは容易ではありません。また、外部出力値の直接観測と異なって、3つのD-FFの入力である内部出力の論理値を観測することも容易ではありません。そのため、順序回路の組み合わせ部分にある故障を検出することは難しい場合があります。

図1-54 (b) は図1-54 (a) の順序回路に施したスキャン設計です。ここでは、図1-54 (a) のD-FFがMUX-Dタイプのスキャンセルに置き換えられています。MUX-DスキャンセルはD-FFとマルチプレクサ (MUX) で構成され、MUXの選択信号であるスキャンイネーブルSE (Scan Enable) でデータ入力 (DI) またはテスト入力 (SI) をD-FFの入力として選びます。さらに、3つのスキャンセルをテスト入力 (SI) で直列に接続することによって、スキャン

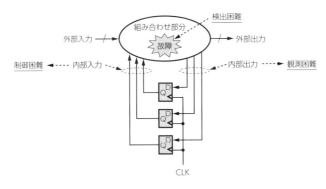

(a) 元の順序回路

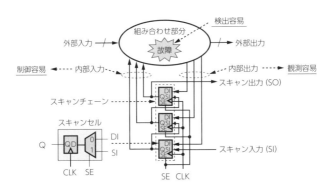

(b) スキャン回路

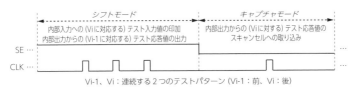

(c) スキャンテストにおける信号波形

図1-54 スキャン設計とスキャンテストの例

チェーンを形成します。スキャン設計のために追加された外部信号線としては、すべてのスキャンセルに入るスキャンイネーブル信号SEのほかに、スキャンチェーンの外部入力SI (Scan Input：スキャン入力) と外部出力SO (Scan Output：スキャン出力) もあります。

図1-54 (c) は図1-54 (b) のスキャン設計に対するスキャンテストの信号波形を示します。スキャンテストには2つの操作モードがあります。シフトモード (SE = 1) では、図1-54 (b) のスキャンチェーンがシフトレジスタとして動作します。CLKに3つのシフトクロックを与えた結果、スキャン入力SIから任意の論理値 (内部入力へのテスト入力値) を3つのスキャンセルの出力に設定することができます。キャプチャモード (SE = 0) では、図1-54 (b) のスキャンセルが図1-54 (a) のD-FFと同じ動作をします。CLKに1つのキャプチャクロックを与えた結果、スキャンセルの入力の論理値 (内部出力からのテスト応答値) が3つのスキャンセルに取り込まれます。これらのテスト応答値は次のシフトモードにおけるシフト操作でスキャン出力SOから外部に取り出すことで観測できます。

このように、スキャンテストでは、図1-54 (a) のD-FFの出力と入力の値がそれぞれ簡単に制御、観測できるようになります。そのため、順序回路の組み合わせ部分にある故障の検出が容易になります。

スキャン設計によって、回路面積オーバーヘッド (5 〜 10％程度) や信号遅延ペナルティが発生します。しかし、それ以上に、極めて困難な順序回路向けテスト生成問題が比較的簡単な組み合わせ回路向けテスト生成問題に置き換えられるという大きなメリットがあります。そのため、スキャン設計は現在、ほとんどのLSIに施される標準的なテスト設計になっています。

(2) テストポイント挿入

論理回路内の信号線の可制御性（その信号線に目標論理値が現れるように回路入力値を求める作業の容易度）、または、可観測性（その信号線の信号値がLSI回路の外部出力から分かるように回路入力値を求める作業の容易度）が低ければ、テストパターン生成が難しく、テストデータ量の増加や故障検出率の低下が予想されます。可制御性や可観測性を改善するためには、テストポイント（Test Point）と呼ばれる付加回路を挿入することがよく行われます。

図1-55はテストポイントの例を示します。図1-55 (a) のLは部分回路C1とC2の間にある制御困難かつ観測困難の内部信号線です。図1-55 (b) はLの可制御性を改善する制御点（Control Point）の例です。この例では、機能動作時（TM = 0）には、従来のようにC1がLにつながります。テスト時（TM = 1）には、任意の論理値が設定できるスキャンセルがLにつながり、Lの可制御性が改善されます。図1-55 (c) はLの可観測性を改善する観測点（Observation Point）の例です。この例では、追加したスキャンセルにLを接続することによって、Lの論理値をスキャンシフトで回路外に送り出すことができ、Lの可観測性が改善されます。

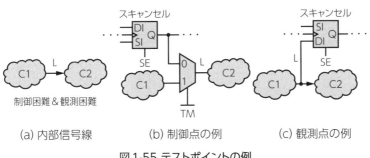

図1-55 テストポイントの例

(3) 組み込み自己テスト

組み込み自己テスト (BIST：Built-In Self-Test) は、LSIテスタが持つ機能をLSI内に実装し、簡易なLSIテスタを用いたテストやシステムに組み込まれた状態でのテストを可能にする技術です。

図1-56は論理回路向け組み込み自己テスト (ロジックBIST) の基本構成を示します。テスト入力生成器 (A) は主にLFSR (Linear Feedback Shift Register：線形帰還シフトレジスタ) で構成され、擬似ランダムパターンを生成します。テスト対象回路 (B) は、すべてのフリップフロップがスキャンチェーンに組み込まれたフルスキャン設計、故障検出率向上のためのテストポイント挿入、テスト応答に不定値が含まれないようにするためのマスク挿入を施されたものです。テスト応答圧縮器 (C) は主にMISR (Multiple Input Signature Register：多入力シグネチャレジスタ) で構成され、テスト対象回路からのテスト応答を圧縮します。ロジックBISTの結果は、MISRの最終状態であるシグネチャを期待値と比較することで得られます。BISTコントローラ (D) はロジックBISTの実施に必要な制御信号とクロック信号を生成します。

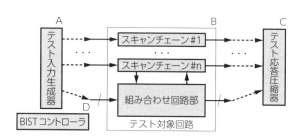

図1-56 ロジックBISTの基本構成

ロジックBISTは、少ない外部テストデータ量や少ピンテストによるテストコスト低減、実動作速度（At-Speed）でのテストによるテスト品質向上、出荷後テストによるフィールド信頼性向上などの利点があります。一方、疑似ランダムパターン使用による故障検出率低下やテスト電力増加、テスト応答圧縮による故障見逃し、設計難度や回路面積の増加、故障診断の困難さ等に注意する必要があります。

(4) バウンダリスキャン

バウンダリスキャン（Boundary Scan）は、LSI回路に埋め込まれたテスト用回路を使ってLSIピンの値の設定・観測を可能にする仕組みです。関連する国際標準規格としては、IEEE1149.1（デジタルバウンダリスキャン）、IEEE1149.4（アナログバウンダリスキャン）、IEEE1149.6（高速I/Oテスト）等があります。

図1-57はIEEE1149.1に準拠したLSIチップの例です。LSIの外部端子と内部コアの間にバウンダリスキャンレジスタセルを配置することで、シリアル通信で各ピンの値の設定・観測が可能になります。ここでは、LSIチップにデータを渡すためのTDI、LSIチップからデータを取り出すためのTDO、データ受け渡しの制御のためのTMS、データ受け渡し動作の同期用クロックであるTCKといった4本のピンが追加されます。オプションとして、バウンダリスキャン用付加回路をリセットするためのTRSTピンもあります。

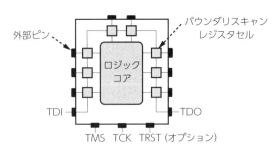

図1-57 バウンダリスキャンの例

バウンダリスキャンは元々、ボード上でのデバイスのテストが困難であること、表面実装技術でピンのアクセスに制限があることなどを克服するために考案された技術でした。その後、拡張されて様々な用途に適用されるようになりました。例えば、IEEE1149.1の補強版として、組み込みコアとその付属回路を対象としたテスト再利用とテスト統合のための国際標準規格IEEE1500もあります。

1.4.4 低電力設計

LSI設計では、回路面積、動作速度、消費電力に対するトレードオフにおける優先順位は時代とともに変化してきています。以前は回路面積や動作速度が優先されることが多かったですが、近年は低消費電力化を最優先にする設計が増えてきています。以下では、低電力設計の基本原理と代表的な手法について紹介し、さらに低電力設計のテストへの影響と対策についても触れます。

(1) 低電力設計の基本原理

LSI低電力化が必要になる主な理由としては、LSIの応用拡大による電子機器の総消費電力の増加というマクロ要因、およびLSIの機

能と性能の進化に伴うLSI単体の消費電力の増加というミクロ要因が挙げられます。前者は膨大なエネルギー需要を意味し、地球温暖化への影響も無視できません。後者はLSIの発熱による電子機器の小型化阻害や信頼性低下だけではなく、電池の持ち時間悪化によるモバイル機器の商品価値低下をも招きます。そのため、システム・アーキテクチャ、論理設計、実装設計、プロセス、材料などの様々な側面より、LSIの低電力化を図る必要があります。

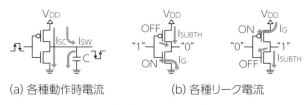

図1-58 消費電力に関わる各種電流

　CMOS回路の消費電力は、動作時消費電力 (ダイナミック電力、動的電力、動作電力とも呼ぶ)、および定常時消費電力 (スタティック電力、静的電力、スタンバイ電力とも呼ぶ) からなります。

　図1-58 (a) に示すように、動作時消費電力は、CMOS論理素子の出力が変わる際のスイッチング電流I_{SW} (負荷容量Cの充放電時に流れる電流) によるスイッチング電力、およびその際の貫通電力I_{SC} (電源とグランドの間を流れる過渡電流) による貫通電力からなります。また、定常時消費電力はMOSトランジスタのリーク電流I_{LEAK}によるリーク電力とアナログ定電流源などにおけるDC電流I_{DC}によるDC電力からなります。図1-58 (b) に示すように、リーク電流I_{LEAK}は主に、サブスレッショルドリーク電流I_{SUBTH} (OFF状

態トランジスタのドレインとソースの間に流れる電流)、ゲートリーク電流 I_G (ON状態トランジスタのゲート絶縁膜のトンネル電流) を含みます。

CMOS回路の消費電力 (P) は以下のように近似的に表せます。

$$P = スイッチング電力 (= 1/2 \times \alpha \times C \times V_{DD}^2 \times f) +$$
$$貫通電力 (= \alpha \times V_{DD} \times I_{SC} \times f) +$$
$$リーク電力 (= I_{LEAK} \times V_{DD}) +$$
$$DC電力 (= I_{DC} \times V_{DD})$$

ここでは、αはCMOS論理素子の出力変化の頻度を反映する動作率を表します。一般に、CMOS回路においては、「スイッチング電力>貫通電力>リーク電力」という関係が成り立ちます。設計面からCMOS回路の消費電力 (P) を削減するためには、動作率 (α) 低減、負荷容量 (C) 削減、電源電圧 (V_{DD}) 低減、電源供給停止、動作周波数 (f) 低減、しきい値電圧 (V_{TH}) 増加などを可能にする設計手法が有効です。

主なLSI低電力設計手法としては、チップ面積削減・小トランジスタ使用、メモリビット/ワード線の小振幅化、クロックゲーティング、電源遮断(パワーゲーティング)、基板バイアス制御を用いた可変しきい値電圧制御、マルチV_{TH}、マルチV_{DD}、DVFS (Dynamic Voltage Frequency Scaling)、処理のパイプライン化・並列化、低電力セル、ゲートサイジング、トランジスタサイジング、バッファ挿入によるスキュー削減、ハザード削減、低電力メモリセル設計、マルチゲート素子などが挙げられます。また、低電力設計に必要な付加回路をまとめてPMS (Power Management Structure) と呼ぶことがあります。

(2) 代表的な低電力設計手法

① マルチV_{DD}

マルチV_{DD}とは、マルチ電源電圧やVoltage Island 手法とも呼ばれ、高い性能が必要な回路部分にだけ高い電源電圧を使い、さほど速い動作速度が必要とされない回路部分には低い電源電圧を使うという設計技術です。この手法は、CMOS回路の消費電力の各成分、特にV_{DD}^2に比例するスイッチング電力の削減に効果的です。

マルチV_{DD}を適用した場合、回路全体は異なる電源電圧を持つパワードメイン (Power Domain) で構成されるようになります。また、信号レベルを変換するためのレベルシフタ (Level Shifter) をパワードメイン間に挿入する必要があります。

② DVFS (Dynamic Voltage Frequency Scaling)

LSIチップの発熱につながる動的電力を削減するために、電源電圧 (V_{DD}) や動作周波数 (f) を下げることが有効です。しかし、低すぎる電源電圧は回路遅延の過度な増加による誤動作を引き起こし、低すぎる動作周波数は処理時間を過度に遅くしてしまいます。そのため、チップ温度、回路動作、処理時間などの諸要素を総合的に考慮して、電源電圧や動作周波数を可変的に (動的に) 制御することが求められます。この手法はDVFSと呼ばれます。

③ クロックゲーティング

LSI回路がその時々に必要とされる機能を提供するためには、回路内のすべての部分を同時に動作させる必要はないことが一般的です。動作する必要のない部分のフリップフロップへのクロック供給を停止する技術はクロックゲーティング (Clock Gating) または

ゲーテッドクロック (Gated Clock) と呼ばれ、CMOS回路の動的電力削減に有効です。

クロックゲーティングは図1-59に示すように、ラッチとANDゲートからなるクロックゲータ (Clock Gator) で実現できます。また、クロックゲーティングには、個別のフリップフロップへのクロックを止めるローカル型、およびブロック全体へのクロックを止めるグローバル型の2種類があります。

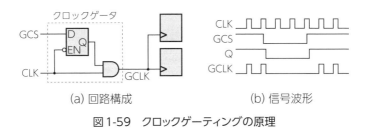

(a) 回路構成　　　　　　(b) 信号波形

図1-59　クロックゲーティングの原理

④　電源遮断 (パワーゲーティング)

電源遮断はパワーゲーティング (Power Gating) とも呼ばれ、回路を構成するブロックが使用されていない間、そのブロックと電源やグランドの間に挿入されたパワースイッチ (Power Switch) をOFFにすることで給電を停止し、そのブロックのリーク電流を大幅に削減する技術です。

電源遮断設計では、図1-60に示す様々なパワースイッチのほか、電源復帰に必要な内部状態を記憶するためのリテンションレジスタ (Retention Register) や電源OFFブロックからの不定値の伝播を阻止するためのアイソレータ (Isolator) も必要です。

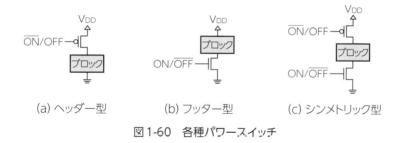

図1-60 各種パワースイッチ

⑤ 基板バイアス制御を用いた可変しきい値電圧制御

MOSトランジスタのリーク電流 (I_{LEAK}) の中で特に深刻なサブスレッショルドリーク電流 (I_{SUBTH}) は、しきい値電圧 (V_{TH}) の指数関数で表せます。基板バイアス電圧でV_{TH}を間接的に制御することによって、I_{SUBTH}による消費電力を効果的に抑えることができます。これは基板バイアス制御を用いた可変しきい値電圧方式と呼ばれます。

⑥ マルチV_{TH}

MOSトランジスタのサブスレッショルドリーク電流 (I_{SUBTH}) は、しきい値電圧 (V_{TH}) を高めれば減りますが、トランジスタの遅延時間が増えます。マルチV_{TH}は、回路全体の動作速度に影響するクリティカルパスには低V_{TH}論理素子を使い、それ以外の部分には高V_{TH}論理素子を使うことで、回路全体の動作速度を低下させることなく、リーク電力を削減することができます。

⑦ PMS (Power Management Structure)

LSI低電力設計によって、消費電力削減のための論理素子や回路が追加されます。図1-61はマルチV_{DD}と電源遮断が適用された例です。

図1-61の回路には、3つのパワードメイン(PD_1、PD_2、PD_3)があります。PD_1とPD_2は電源電圧VDD_1、PD_3は電源電圧VDD_2が供給されますが、PD_1の電源が遮断可能です。回路実現では、PD_1の電源をON/OFFするためのパワースイッチ(A)、PD_1の電源復帰に必要な内部状態を記憶するためのリテンションレジスタ(B)、PD_1の電源OFF時の不定値の伝播を阻止するためのアイソレータ(C_1とC_2)、PD_2とPD_3の異なる信号レベルを変換するためのレベルシフタ(D)、および電力制御部等からなるPMS (Power Management Structure)が必要です。なお、異なる信号レベルを持つPD_1とPD_3の間にあるアイソレータC_2としては、レベルシフタの機能をも有する電圧変換ゲートを使用します。

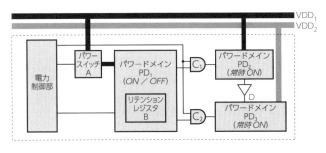

図1-61 PMS (Power Management Structure) の例

(3) 低電力設計のテストへの影響と対策

　低電力設計は以下の3つの側面からテストに大きな影響を与えます。そのため、低電力設計の影響を意識したテスト（テスト容易化設計、テスト生成、テスト実施などを含む）、いわゆる電力考慮型テスト（Power-Aware Test）が重要です。

① テスト容易化設計への影響

　低電力設計の実施によって、テスト容易化設計が機能しなくなったり実装コストが高くなったりすることがあります。そのため、低電力設計の影響を意識したテスト容易化設計が必要となります。

　例えば、最も基本的なテスト容易化設計であるスキャン設計を施された回路を対象とするスキャンテストでは、フリップフロップで構成されるスキャンチェーンのシフト動作によってテスト入力を印加する必要がありますが、典型的な低電力設計手法であるクロックゲーティングでクロック供給が止められたフリップフロップがスキャンチェーンに存在すれば、シフト動作ができなくなります。この問題は、図1-62に示すように、スキャンテストのシフト操作時（SE＝1）にクロックゲーティングを無効にするための仕組みを追加することによって解決できます。

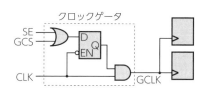

図1-62　クロックゲーティングを考慮したスキャン設計

② テスト電力の増大

　低電力LSI回路に機能電力を抑えるための仕組みは多く含まれていますが、テスト時には利用されないか利用できないことがよくあります。また、テストデータにおける通常動作との相関の低さやその生成における機能電力制約の無視、機能クロックとテストクロックの相違、複数ブロックの同時テスト等もあって、低電力LSI回路のテスト電力が増大しがちです。特に、低電力LSI回路のスキャンテスト電力は、機能動作電力より数倍〜十数倍高くなることさえあります。

　テスト電力増大に起因する代表的な問題としては、温度上昇とIRドロップ（電源やグランドの配線ネットワークに流れる電流によって論理素子への実効供給電圧が降下する現象）があります。過度な温度上昇は回路破壊や信頼性低下、過度なIRドロップは正常回路のテスト時の誤作動を引き起こす原因となります。

　これらの問題を解決するためには、テスト電力解析とテスト電力削減が必要となります。前者は、回路設計データやシミュレーション結果からテスト電力のレベルや分布を把握します。後者は、テスト生成、回路変更、テストスケジューリングなどのアプローチを通じてテスト電力を安全なレベルまで下げます。

③ PMSのテストコスト

　低電力LSI回路のテストにおいては、機能電力削減のために追加された論理素子や回路からなるPMSのテストコストも問題となっています。PMSは規模が小さいですが、それをテストするための時間や追加回路などによるコストが無視できないほど大きい場合もあるので、効率的なPMSテスト手法が求められています。

参考文献 Bibliography

■第1章
[1] 浅田邦博 (監修),『はかる×わかる半導体 入門編』, 日経BPコンサルティング, 2013年.
[2] Neil H.E. Weste, and Kamran Eshranghian, *Principle of CMOS VLSI Design*, Addison-Wesley Publishing Company, 1993.
[3] 日本電気技術者協会　電気技術解説講座 トランジスタの構造と基本特性, https://www.jeea.or.jp/course/contents/02106/
[4] EDN Japan, SiGeが切り開く半導体の未来, http://ednjapan.com/edn/articles/0907/01/news122.html
[5] 笹尾勤,『論理設計-スイッチング回路理論-』, 近代科学社, 1995年.
[6] 廣瀬全孝,『集積回路工学』, オーム社, 2001年.
[7] PC Watch 福田昭のセミコン業界最前線, 高速／長寿命でオンチップSRAMキャッシュの置き換えを目指す第4世代MRAM技術, https://pc.watch.impress.co.jp/docs/column/semicon/1145577.html
[8] Hideo Fujiwara, Logic Testing and Design for Testability, The MIT Press, 1985.
[9] 今村陽一,「低消費電力化技術の概要と応用事例」, Design Wave Magazine, No.11, pp.52-57, CQ出版社, 1997年.
[10] 櫻井貴康,「システムLSI設計の現状と課題」, 情報処理学会論文誌, Vol.14, No.4, pp.834-842, 2000年.
[11] 藤田昌宏,『システムLSI設計工学』, オーム社, 2006年.
[12] Laung-Turng Wang, Cheng-Wen Wu, and Xiaoqing Wen, *VLSI Test Principles and Architectures : Design for Testability*, Morgan Kaufmann, 2006.
[13] Laung-Turng Wang, Yao-Wen Chang, and Kwang-Ting Cheng, *Electronic Design Automation : Synthesis, Verification, and Test*, Morgan Kaufmann, 2008.
[14] Patrick Girard, Nicola Nicolici, and Xiaoqing Wen, *Power-Aware Testing and Test Strategies for Low Power Devices*, Springer, 2009.
[15] 隅谷三喜男,「SOCの低消費電力設計技術の課題と解決策－設計生産性向上との両立に向けて－」, EDSF2010, 2010年.
[16] 小林幸子, 小谷敏也, 姜帥現,「半導体リソグラフィにおけるDFM技術」, 東芝レビュー, Vol.66, No.5, pp.25-28, 2011年.
[17] 小谷敏也, 間下浩充, 宇野太賀,「半導体デバイスの微細化を支えるOPC技術とDFM技術」, 東芝レビュー, Vol.67, No.4, pp.11-15, 2012年.

[18] ケン・パーカー (著), 亀山修一 (監訳),『バウンダリスキャンハンドブック』, 青山社, 2012年.
[19] 木村晋二,「形式的タイミング検証について」, 情報処理, Vol.35, No.8, pp.726-735, 1994年.
[20] 日経XTECH EDA用語辞典 レイアウト検証ツール, https：//tech.nikkeibp.co.jp/dm/article/WORD/20051125/111041/
[21] 松澤昭, 基礎電子回路工学—アナログ回路を中心に, 電気学会, 2009年.
[22] 松澤昭, 応用電子回路工学, 電気学会, 2014年.
[23] 松澤昭, STARC教育推進室 (監修), 浅田邦博 (編集),『アナログRF CMOS集積回路設計 基礎』, 培風館, 2010年.
[24] STARC教育推進室 (監修), 浅田邦博 (編集), 松澤昭 (編集),『アナログRF CMOS集積回路設計 応用編』, 培風館, 2011年.
[25] Behzad Razavi, 黒田忠広 (翻訳監修),『アナログCMOS集積回路の設計 基礎編』, 丸善, 2003年.
[26] Behzad Razavi, 黒田忠広 (翻訳監修),『アナログCMOS集積回路の設計 応用編』, 丸善, 2003年.
[27] Gordon Roberts, Friedrich Taenzler, Mark Burns, *An Introduction to Mixed-Signal IC Test and Measurement*, Oxford University Press, 2011年.
[28] Behzad Razavi, 黒田忠広 (翻訳監修),『RFマイクロエレクトロニクス 第2版 入門編』, 丸善出版, 2014年.
[29] Behzad Razavi, 黒田忠広 (翻訳監修),『RFマイクロエレクトロニクス 第2版 実践応用編』, 2014年.
[30] Steve C.Cripps, 末次正/太郎丸真 (監修, 翻訳), 草野忠四郎 (翻訳),『ワイヤレス通信用RF電力増幅器の設計：高効率とリニアリティを両立するGHz帯増幅技術』, CQ出版, 2012年.
[31] 米本和也,『改訂 CCD/CMOSイメージセンサの基礎と応用』, CQ出版, 2018年.

半導体を製造する

Chapter: 2
Manufacturing

2.1 デバイスの製造プロセスについて
2.2 製造工程について

2.1 デバイスの製造プロセスについて

この節では、デバイスの製造プロセス全体について、技術動向を含めて紹介します。

2.1.1 デバイスの製造プロセスの概要

半導体デバイスはシリコンウェーハ上に形成されるため、その製造プロセスはシリコン単結晶の作成から始まります。そののち様々な工程を経て製品デバイスに仕上げて出荷されますが、この様々な工程の全体が製造プロセスになります。

製造プロセスは、シリコンウェーハ上に回路パターンを形成するまでの前工程と、それを製品に仕上げる後工程に大別されます。全体工程の概要を表2-1に示します。

表2-1 デバイスの製造プロセス全体工程の概要

	工程	処理の概要
前工程	ウェーハの製造	単結晶シリコンを鏡面状のウェーハに仕上げる
	回路パターンの形成	ウェーハ上に回路パターンを形成してデバイスの機能を実現する
	ウェーハテスト	ウェーハ上にデバイスの機能が正しく実現されているかテストする
後工程	デバイスの個片化	ウェーハを切断してデバイスのダイを作成する
	パッケージ化	ダイをパッケージ化して、デバイスの製品の形にする
	パッケージテスト	製品として出荷できるかどうかの最終テストを実施する

シリコンの結晶構造は、シリコン原子が共有結合でつながり、面心立方格子を対角線上に1/4ずらしたダイヤモンド構造になっています。ただし、自然にあるシリコンは多結晶ですので、これを単結晶にする必要があります。この処理には、多結晶シリコンを石英のルツボ内で1420℃に加熱してインゴッドを引き上げるCZ法が用いられています。現在よく用いられている直径300mmのウェーハでは、インゴッドは長さ1m当たり160kgもあります。これを1.0mm厚程度に切断したのち、ラッピング、エッチング、ポリッシングにより鏡面化されたウェーハに仕上げます。

このウェーハをもとに回路を形成していくのですが、微細化の進展とともに、回路パターンに対しても様々な問題への対応が必要となっています。例えば、近接するパターンの相互干渉により露光されるパターンの形状が変形してしまう問題に対しては、フォトマスクの設計データを補正するOPC (Optical Proximity Correction)が用いられています。また、アナログ回路の特性劣化の要因として問題となる配線エッジ形状の凹凸のばらつき (LER：Line Edge Roughness) については、使用するレジストの改良が図られています。その他の技術としては、不良の発生しやすい箇所を特定するCAA (Critical Area Analysis) や検査により各工程の品質を管理するPQC (Process Quality Control) なども用いられています。

このようにしてウェーハ上に作成されたデバイスを切断してパッケージ化して出荷するのが後工程ですが、近年注目されているのが2.5Dあるいは3Dデバイスです。複数のダイをTSV (Through Silicon Via) を通して直接積層する3Dデバイスに対して、2.5Dデバイスでは TSV を持つインターポーザを介して積層します。2.5Dデバイスは、CPUやGPU (Graphics Processing Unit) な

どTSVでの実装が困難な場合や、CPUとDRAMなど異なる端子ピッチを持つダイ同士を積層するのに適しています。小型化だけでなく、低消費電力化や、広帯域化も実現できるのがTSVを利用することの利点です。本節の最後にイメージャの製造プロセスについて紹介します。

主なイメージャとしてはCCDイメージャとCMOSイメージャがあります。CCDイメージャの製造プロセスは、フォトダイオードとCCDの構造を形成するのが主要な処理となります。一方、CMOSイメージャの製造プロセスは、CMOS LSIの製造プロセスをベースにしています。そのため、CMOSイメージャでは信号処理などを組み込んだSoCを実現することが可能になります。

それでは、それぞれの製造プロセスについてもう少し詳しく見てみましょう。

まずCCDイメージャについて紹介します。CCDは隣り合った素子の間の電荷的な結合を利用して、次々と電荷の状態を送り出すことによって信号を伝える素子です。このため、通常のCMOS論理回路などと比べるとやや複雑な構造となっています（図2-1）。

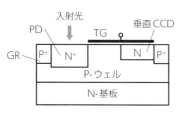

図2-1　CCDイメージャの断面構造

2.1 デバイスの製造プロセスについて

CCDイメージャは他の半導体デバイスと同じようにシリコンウェーハから製造しますが、その構造の違いから通常のCMOS LSIの製造プロセスとはかなり異なります。このため製造するメーカーも限られ製造コストも高くなります。

次にCMOSイメージャの製造プロセスですが、こちらは先にも述べたようにCMOS LSIの製造プロセスがベースとなっています。このため多くのメーカーがCMOSイメージャを製造していますし、製造コストもCCDイメージャと比べて安くなります。しかし、シリコン基板上に形成したフォトダイオードの上に配線層があるため、入射光が配線で遮蔽されるという問題がありました。この対策として、裏面照射型のCMOSイメージャが考案されています（図2-2）。この場合、裏面のシリコン基板を研磨して非常に薄くする処理が必要となります。

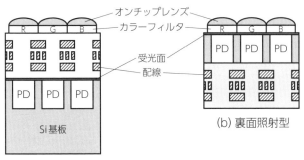

図2-2　CMOSイメージャの断面構造

2.2 製造工程について

この節では、デバイスの各製造工程について、ウェーハ上に回路パターンを形成するまでの前工程とそれを加工して出荷できる製品に仕上げる後工程に分けて、その概略を紹介します。

2.2.1 前工程

前工程ではウェーハを製造した後、そのウェーハに回路パターンを形成し、機能が正しく実現されたかをテストします。ウェーハ製造については前節で説明しましたので、本項では回路パターンを形成する工程について説明します。なお、ウェーハテストの工程については第3章で説明します。

図2-3に回路パターン形成工程の主な処理の流れを示します。

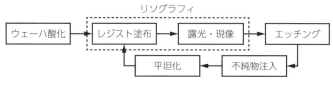

図2-3　回路パターン形成工程の処理の流れ

ウェーハ酸化処理では、熱処理によりシリコンウェーハの表面に絶縁のための酸化膜（SiO_2絶縁膜）を成膜します。レジスト塗布処理では、フォトレジストと呼ばれる感光性樹脂をウェーハに滴下し、ウェーハ上に均一に塗布します。そして、露光・現像処理で、

フォトレジストを塗布したウェーハにフォトマスクを通して紫外線を照射して、フォトマスクに書かれた回路パターンをウェーハ上に縮小転写し、現像することでウェーハ上にマスクパターンに対応したレジストパターンを残します。エッチング処理では、レジストパターンをマスクにして、酸化膜や金属膜を物理的または化学的に除去します。その後、不純物注入処理では、イオン注入や高温拡散により、ウェーハ上にN型やP型の半導体領域を作成します。最後に、ウェーハ表面の凹凸を削り平坦化します。実際には多層のパターンを形成するために以上の処理を繰り返します。

　前工程には含まれませんが、パターン形成に用いるフォトマスクも光学処理により作成します。基板上に遮光膜を成膜したのち、レジストを塗布して電子ビームやレーザでパターンを描画します。そして、露光・現像したのちエッチングにより不要な遮光膜を除去します。最後に基板上に残ったレジストを除去し基板を洗浄します。

　以下では、図2-3に示した各処理について順に説明します。

(1) ウェーハ酸化

　回路パターンを形成する工程の最初に行うのがウェーハの熱酸化処理です。この処理は900〜1100℃の高温で行われるため、他の処理に影響を与えないように最初の処理として実施されます。熱酸化方式には、ドライ酸化、ウェット酸化、スチーム酸化の3方式があり、それぞれ用いるガスの種類が異なります。ドライ酸化は酸素ガス、スチーム酸化は脱イオン水蒸気を使いますが、ウェット酸化は酸素ガスに脱イオン水蒸気を加えます。酸化の進行速度はウェット酸化のほうがドライ酸化より早いですが、形成されるSiO_2層の緻密性はドライ酸化のほうが高くなります。そのため、ドライ酸化

は通常0.1μm以下の厚さの酸化層の形成に使用されます。

ウェーハ酸化で成膜されるSiO₂膜は、トランジスタのゲート絶縁膜（〜2nm）やフラッシュメモリのトンネル絶縁膜（〜0.1μm）などのほか、アイソレーション用のフィールド酸化膜（〜1μm）にも利用されます。

なお、熱酸化処理においては、以下の2点に留意する必要があります。第一は、ドライ酸化での有害な不純物金属原子の除去です。この対策としては、塩素が用いられます。第二は、酸化層中の有害電荷発生の抑制です。この対策としては、クリーンルームの管理による作業環境からの侵入の抑止などがあります。

(2) リソグラフィ

レジスト塗布と露光・現像の処理を合わせてリソグラフィと呼びます。微細化の進展とともに、リソグラフィにおける解像度が大きな問題となっています。リソグラフィの解像度は、光の波長（λ）とレンズの開口数（レンズの特性を表す値（NA））によって以下の式（レーリー（Rayleigh）の式）により決まります。

$$解像度 = k_1 \lambda / NA \qquad (2.1式)$$

したがって、高い解像度を得るためには短い波長の光を利用する必要があり、近年ではArF（波長193nm）が用いられています。しかし、フォーカス位置のずれの許容度を示す焦点深度（EOF）も波長に比例します（$EOF = k_2 \lambda / NA^2$）。このため、短波長化によりシリコンウェーハに要求される平坦性が高くなってしまいます。

そこで、レンズとウェーハの間に液体を満たして光の波長を大気中よりも短くすることにより解像度を高める手法として液浸技術が

実用化されています。また、露光技術の限界を超える解像度を持つ狭ピッチのパターンを形成する方法として、光の位相や透過率を制御する位相シフトマスクも利用されています。さらに、微細なパターンを露光可能な2枚のマスクに分けて2回の露光に分割して1つのパターンを実現するダブルパターニング（図2-4）も利用されており、より分割数を増やしたマルチパターニングも検討されています。しかし、マルチパターニングには生産性や位置合わせの問題があるため、極端紫外線（EUV（波長13.5 nm））を利用したリソグラフィの実用化が進められています。

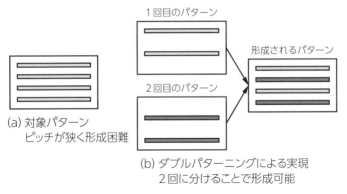

図2-4　ダブルパターニングによる対策

(3) エッチング

エッチングは、リソグラフィ処理の後に残ったレジストパターンをマスクにして酸化膜や金属膜を除去する処理です。実際には、半導体デバイスの複雑な構造を実現するために、何回も繰り返してエッチング処理を行っています。

エッチングの方法には、大きく分けてウェットエッチングとドライエッチングの2つがあります。ウェットエッチングでは、薬品溶液中にウェーハを浸して処理します。具体的には、溶液中から拡散した反応分子がウェーハ表面の膜と反応し、反応生成物がウェーハ表面から脱離して溶液中に拡散することで膜を除去します。一方、ドライエッチングは、真空容器内の放電プラズマ雰囲気中で処理を行います。具体的には、シャワーヘッドから供給した反応ガスをプラズマにより活性化し、ウェーハ表面で気相-固相界面で化学反応を起こさせます。そして、生成された化学反応物がウェーハ表面から脱離することで、膜が除去されます。ウェットエッチングとドライエッチングの特徴を表2-2に示しますが、微細加工にはより精密なパターン制御が可能なドライエッチングが多く用いられます。

表2-2　ウェットエッチングとドライエッチングの特徴

項目	ウェットエッチング	ドライエッチング
パターン制御	形状制御が困難	精密な制御が可能
反応生成物の脱離	脱離が困難	脱離が容易
レジストへの影響	密着性が損なわれる	密着性が保たれる
プラズマダメージ	考慮する必要がない	考慮する必要がある
エッチングの選択性	制約が少ない	制約が多い
真空の必要性	真空は必要でない	真空が必要

(4) 不純物注入

トランジスタやダイオードを効率よく動作させるためには、半導体中に微量の不純物元素を入れてキャリア(電子または正孔(ホール))を発生させる必要があります。この処理を不純物注入(あるいはドーピング)といいます。不純物としては、ホウ素(B)、リン

(P)、ヒ素 (As) などが用いられます。

　不純物注入の主な手法としては、拡散法とイオン注入 (イオン・インプラント) があります (図 2-5)。拡散法は、拡散炉で不純物原子をシリコンウェーハと混ぜて熱処理を行うもので、表面の一部に堆積した不純物を熱拡散によりシリコンウェーハ中の所望の領域に分布させます。一方、イオン注入は、不純物イオンを加速して高いエネルギーでシリコンウェーハ中に打ち込むことにより、不純物をドーピングします。イオン注入は、拡散法と比べて PN 接合の深さや MOS トランジスタのしきい値電圧などを精密に制御できるため、微細なプロセスにおいてよく用いられます。しかし、シリコン原子の移動による結晶性のダメージの回復と、打ち込んだ不純物原子を結晶格子点に移動して活性化させることのために、イオン注入後にアニール処理を行う必要があります。

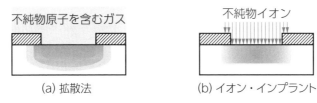

図 2-5　主な不純物の注入方法

(5) 平坦化

　様々な加工処理を行った後のウェーハ表面には、絶縁膜などの薄膜の凹凸が残ります。これを削って平坦性を維持させるのが平坦化で、多層のパターンを精度よく加工するための重要な処理です。平坦化には一般的に化学機械研磨 (CMP：Chemical Mechanical Polishing) が用いられます。

2.2.2 後工程

後工程では、回路パターン形成の完了したウェーハを切断して個片化し、ダイをパッケージ化して製品の形に仕上げた後、製品として出荷できるかどうかの最終テストを実施します。本項では、デバイスの個片化およびパッケージ化について説明します。なお、最終テストについては第3章で説明します。

図2-6に個片化してパッケージ化する工程における主な処理とその流れを示します。

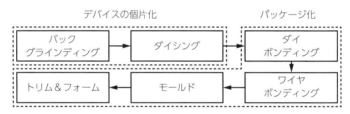

図2-6　デバイスの個片化とパッケージ化の処理の流れ

デバイス個片化の工程では、バックグラインディング処理でウェーハ裏面を削って薄くした後に、ダイシング処理でウェーハ上の集積回路を個片（ダイ）に切り分けます。パッケージ化の工程では、まず、ダイボンディング処理で個片化したダイを基板やリードフレームに固着し、ワイヤボンディング処理でチップとフレームを金ワイヤや銅ワイヤによって電気的に接続します。その後、モールド処理でデバイスをセラミックやモールド樹脂で固めます。そして、トリム＆フォーム処理で個々のデバイスをリードフレームから切り離し、外部リードを所定の形状に成形します。

パッケージ化の工程は、実装するパッケージの形状によって異なり、上記に示したものはワイヤボンディング型の場合です。フリップチップ型では、ワイヤボンディングやモールド処理の代わりに、フリップチップやアンダーフィルの処理が必要となります。また、近年のデバイス小型化の要求から、ウェーハレベル・パッケージ（WLP）も採用されており、この場合はパッケージ化したのちにダイシングすることになります。なお、薄型で高密度実装に適したパッケージ化方法として、ファンアウト型WLP（FO-WLP）が最近注目されています。この方法では、ウェーハを個片化してから再配置して疑似ウェーハを形成したのち、WLPの処理を行います。

以上に示したように、パッケージ化の工程は方法により多様化していますが、ここでは、基本的な処理の流れとして、図2-6に示した各処理について説明することにします。

(1) バックグラインディング

前工程でパターンを形成したウェーハは厚みがあるため、これをパッケージ化に適した厚さまで薄くする必要があります。そのための処理がバックグラインディングです。具体的には、表面保護テープを貼付してから研削砥石で裏面を研削し、最後に保護テープを剥離します。バックグラインディングでは、ウェーハの大口径化に伴って割れに対する対応が問題となっています。これは、クラックなどのダメージ層の形成に起因するもので、その対策として、ポリッシングまたはエッチングにより、発生したダメージ層を除去しています。

(2) ダイシング

ダイシングは、回路パターンを形成したウェーハから個々のダイを切り出す処理です。ダイシングの方法としては、大きく分けて、ブレードダイシングとレーザダイシングの2つがあります。

ブレードダイシングでは、ダイシングブレードを高速回転させて切削対象となるウェーハに押し当てて加工します (図2-7)。ダイシングブレードには、主としてダイヤモンドを用います。この方法は、基本的なダイシング方法としてよく用いられますが、応力などにより問題が生じる場合もあります。

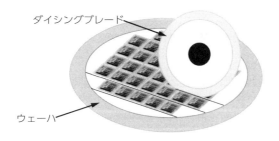

図2-7　ブレードダイシング

一方、レーザダイシングでは、切削対象の材料に吸収される波長のレーザ光を用いて切断のための加工を行います。この方法は、機械的ダメージが小さいため、Low-k材などの機械的強度の低い材料を用いた場合に、クラックや剥離への対策として用いられます。

なお、薄いウェーハに対しては、ウェーハの損傷を低減するために、バックグラインドよりダイシングを先に行うこともあります。

(3) ダイボンディング

ダイシング後のダイをリードフレームや基板に搭載して接合するのがダイボンディング処理です。主な方法としては、樹脂塗布方式、接着テープ方式、ダイアタッチフィルム方式があります。

樹脂塗布方式では、銀ペーストをリードフレーム表面に塗布したのち、ダイシング後のダイをペーストの上に搬送して適切な荷重で押し付けます。最後に、ペーストを硬化させるために加熱します。

接着テープ方式では、ダイサイズに合わせた接着テープをあらかじめリードフレームに接着し、ダイをこのテープで固着します。

ダイアタッチフィルム方式では、ダイ裏面に非導電性接着フィルムを接合しておき、このフィルムでダイをリードに固着します。

(4) ワイヤボンディング

ワイヤボンディング処理では、ダイの電極とリードを細い金や銅のワイヤで接続します。主なワイヤボンディング方法としては、ボールボンディングとウェッジボンディングがあります。

ボールボンディングでは、最初にワイヤの先端にボールを作成し、それを押しつぶして電極に接続します。この方式は、様々な接続パターンや形態のパッケージへの対応能力が高いこと、稼働率が高く装置のコストが低いことなどから、広く利用されています。一方、ウェッジボンディングでは、ボールを形成せずに、超音波や圧力などによりワイヤを直接電極に接続します。この方式は信頼性が高いという利点がありますが、ボンディング条件が難しいため高速化が困難という欠点があります。

微細化によるパッドピッチの縮小に伴い、ワイヤボンディングにおいても位置精度の向上などが問題となっています。

(5) モールド／トリム＆フォーム

　モールド処理では、ワイヤボンディング後のデバイスを樹脂などで固めます。これは、ダイやワイヤを衝撃などから保護するためだけでなく、水分や埃による特性劣化を抑止し寿命を延長することにもつながります。

　そして、トリム＆フォーム処理では、リードの錆を防止するためにメッキなどの処理を行ったのち、リードをフレームから切り離し、パッケージを成形してデバイスを製品の形に仕上げます。

コラム　　　　　　　　　　　　　　　　　　　　　　　　Column

製造容易化設計

　半導体の製造に関わる設計技術として、製造容易化設計（DFM：Design for Manufacturability）があります。DFMでは、先に示した露光パターンの形状変形を補償するためのOPCのほかにも、不良の発生しやすいクリティカル・エリアが少なくなるようにレイアウトするCA考慮設計や、CMPによる研磨での平坦性を改善するためのCMP考慮設計なども利用されています。

　設計と製造とテストが協力し合うことによって、品質の高い半導体デバイスが出荷されています。

参考文献 Bibliography

■第2章
[1] 平成15年度 半導体製造技術ロードマップに関する調査研究報告書：第6編 組立, http://www.jmf.or.jp/japanese/houkokusho/kensaku/pdf/2004/15sentan_07.pdf
[2] 牧野博之, 益子洋治, 山本秀和,『半導体LSI技術（未来へつなぐ デジタルシリーズ7）』, 共立出版, 2012年.
[3] 菊地正典著,『半導体工場のすべて』, ダイヤモンド社, 2012年.
[4] 寺井秀一, 福井正博著,『LSI入門 動作原理から論理回路設計まで』, 森北出版, 2016年.

半導体を計測する

Chapter: 3
Measurement

3.1 半導体のテストについて
3.2 デジタル回路をテストする
3.3 アナログ回路をテストする
3.4 故障診断と故障解析について

3.1　半導体のテストについて

本節では、半導体のテスト工程、半導体テストのコストと品質、および半導体テスト装置について、まず、概要を示し、その後、いくつかのトピックスを解説します。

3.1.1　半導体のテスト工程

半導体の生産ラインの検査は、前工程と後工程のそれぞれの最後に実施します。

図3-1は、半導体のテスト工程の概要です。前工程における検査は、ウェーハテストと呼びます。ウェーハテストには、DC特性テストとプローブテストがあります。

ウェーハテストに必要な装置はプローブカードが装着されたプローバやテストシステムです。検査は、プローバに取り付けられたプローブカードのプローブ（試験短針）を検査対象に接触させて実施されます。また、プローブカードは、検査対象の電極とテスタとを接続するコネクタです。

後工程における検査は、パッケージテスト、またはファイナルテストと呼びます。

ファイナルテストでは、電気的、機械的仕様を検査する選別テストおよびバーンイン試験を行います。後工程の検査に必要な装置は、テストシステムやダイナミックテストハンドラです。

最後に完成したLSIに対して、電気的性能とパッケージの品質保証を合わせて信頼性テストを行います。

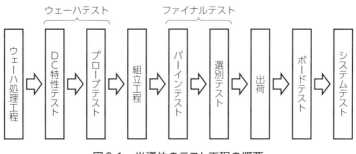

図3-1 半導体のテスト工程の概要

ウェーハテスト

次にウェーハテストに関して説明します。

前工程で完成したウェーハをウェーハのままの状態で電気的に良品・不良品判定を行うことをウェーハテストと呼びます。

ウェーハテストは、DC特性テストおよびプローブテストからなります。ウェーハテストでは製造上の欠陥を含む可能性があるチップを識別できるので、パッケージを組み立てる工程から欠陥を含むチップを排除できるので、コストの削減のために必要です。

DC特性テストの目的は、前工程の各工程で製造されたウェーハの状態を検査することです。検査のためには、検査用TEG (Test Element Group) をチップ間のスクライブ領域の複数箇所に埋め込みます。検査では、埋め込んだTEGに対して検査を行います。

この検査では、ウェーハプローブ、およびプローブカードを使用して、トランジスタ特性、拡散層、メタル配線の電気的抵抗、静電容量、ビアの導通抵抗などに関する電流印加電圧測定、および電圧印加電流測定などを行います。

図3-2にはDC特性テスタの構成を示します。

プローブテストの目的を以下に示します。

目的1　DC特性テストの結果として良品と判定されたウェーハに対して回路動作や電気的特性を検査すること、

目的2　不揮発性メモリを搭載した製品に対して高温でベークした後に、データが正しく保持されているかなどを検査すること、

目的3　製品の論理回路部分および内蔵メモリとのインタフェースに対して、保証動作電源電圧および保証動作周波数での機能、特性、消費電力を検査すること

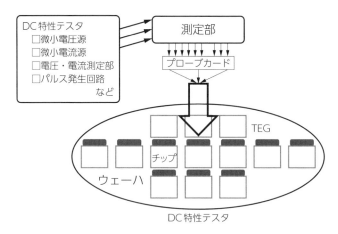

図3-2　DC特性テスタの構成

ファイナルテスト

次にファイナルテストに関して説明します。

後工程において組立後の製品の信頼性を確保するための検査が、ファイナルテストです。ファイナルテストは、バーンイン試験および選別テストからなります。

バーンイン試験の目的は、信頼性を表すバスタブ曲線の初期故障期間に発生する不良を取り除くことです。

バーンイン試験では、製品を通常の使用条件に比べて高温または低温かつ高電圧で動作させることができるバーンイン装置を利用して、バーンインプログラムに基づいて製品を動作させて、製品が動作しているか否かを記録します。

外部から強制的にデバイスに過度な負荷やストレスをかけた状態を作り、劣化を物理的並びに時間的に促進させます。バーンインよって、通常に使用した場合のデバイスの寿命を短期間で推測するものです。

メモリ製品に対するバーンインのためには、ダイナミックバーンイン方式、モニターバーンイン方式、およびテストバーンイン方式があります。

ダイナミックバーンイン方式は、高温状態で、電圧と AC パターンを印加してメモリを動作させる方式です。

モニターバーンイン方式は、入力端子にクロック信号を印加して内部回路を動作させて出力信号をモニタします。

テストバーンイン方式は、電圧を印加した状態で高温・低温の下で一定時間保管をし、その後動作テストをします。これらを複数回繰り返します。テストバーンイン方式では、バーンイン基板を使ってテストを実行します。テストの際中に基板ごとのソケット認識番

号とテスト結果を保存しておき、テスト終了後には、その結果に基づいて挿抜装置を利用して良品と不良品を選別します。

マイコンおよびシステムオンチップ (SoC) に対するバーンインのためには、スタティックバーンイン方式があります。

スタティックバーンイン方式は、高温状態で電圧を印加するだけで、回路を動作させません。メモリではないロジック製品に対しては、その論理回路を動作させるために必要なパターンを生成すること、タイミング信号を生成することが、パッケージの多様性やピン数の増加に対応することが容易でないため、このような方式が用いられています。

バーンイン試験における温度と寿命との関係は、化学反応速度論モデルであるアレニウスモデル (Arrhenius Model) に基づいて考察されます。

バーンイン時の温度は高いほど初期故障の発生時間を加速させますが、パッケージ材料の耐熱温度の制限を考慮して決定されます。バーンイン試験で顕在化されやすい故障は、活性化エネルギーの低い故障であり、銅配線のエレクトロマイグレーション、酸化膜破壊、ホットキャリア、耐湿性によるアルミ浸食、可動イオンが起因する故障が挙げられます。

選別テストの目的は、製品が持つデータシートにある機能や特性に基づいて検査することです。選別テストでは、①温度の変化、②動作速度の変化、③電源電圧の変化、④多様なテストパターンを組み合わせて検査します。

3.1.2　半導体テストのコストと品質

ここでは、半導体テストと製品の品質に関して考えます。

半導体の製造テストでは、環境変数 (電圧、温度、周波数など) についての代表値またはコーナー条件に基づいてテスト条件を設定しています。

最近の製品においては、複数または可変な電力モード (スリープ状態など) が含まれる場合や、通常動作時に電圧や周波数を動作状況に基づいて動的に制御し、アプリケーションの最適電力制御を達成するシステムなどが含まれています。これらのことによって、最近、テスト条件を設定することが困難になっています。

テスト装置 (ATE) では、半導体デバイスの高集積化・高速化に伴って、製造テストの高精度化の要求に対応することとともに、半導体デバイスを含む製品開発、量産、市場投入のターンアラウンドタイム (TAT) を短縮化することも求められています。さらに、製造テストにかかるコストを削減することがますます重要になっています。

過去のITRSの調査結果では、テストのコストの主要因は、①ATEコスト、②治工具コスト、③テストプログラム開発コスト、および④テスト時間と故障カバレージであると報告されています。

このような状況でテストコストを削減するために、関連する装置を改善し、テスト時間の短縮化、同測効率の向上化、コンカレントテストおよびアダプティブテストの実現、さらに、施設運転のための電力や設置スペースの削減を目指しています。

コスト削減のための技術としては、同時測定テストとピン数削減、スキャンテストによる構造テスト、パターン圧縮、組み込み自己テスト (BIST)、テスト容易化設計 (DFT) および BOST (Built Out Self Test)、歩留まり習熟、コンカレントテスト、およびウェーハレベルの実速度テストなどが研究・開発されています。

　なお、同時測定テストは、テストのスループットを向上させるために複数の LSI チップを同時にテストすることをいい、Multi-Die Test や Simul-Test Multi-site Test のことを指します。

　最近では、テストコストを継続的に最適化するためにアダプティブテストが注目されています。

　アダプティブテストを導入することによって、テストコストの低減、品質や信頼性の向上、歩留まり向上のためのデータ収集の改善などを実現しています。製造テストデータや統計的なデータ解析に基づいて、アダプティブテストはテスト条件、テストフロー、テスト内容、およびテスト判定基準などを変化させる手法です。なお、アダプティブテストの詳細は第5章で説明します。

　製造した製品に対するテストにおいて、被検査回路内に想定した全故障のうち、テストで検出できる故障の割合を故障カバレージと呼びます。一般に、製品に対するテストの故障カバレージが高い（値が大きい）と出荷した製品に含まれる不良品の割合（市場不良率）が小さくなります。

　製造した製品に占める良品の比率を歩留まりと呼びます。製品の歩留まりはテスト結果に基づく不良対策によって改善できます。

　不良の原因は、配線の短絡や断線に起因する欠陥性の不良、フォトマスクの欠陥に起因するシステマティック不良、および製品の動作速度などのばらつきに起因するパラメトリック不良があります。

コンカレントテスト

　次に、コンカレントテストに関して説明します。

　コンカレントテストでは、単一被検査回路内部の複数の機能ブロックを被検査回路自身のテスト容易化設計の機能によって同時測定テストと併用します。

　システムオンチップ（SoC）のテスト時間を短縮するために、SoCを構成する複数のコアに対して同時にテストを実施することをコンカレントテストと呼びます。コンカレントテストを実施することでテストにかかる総時間を短縮できます。一方、製品の設計過程において、テストピン数やテスト中の電力消費などにも配慮が必要となってきます。

　コンカレントテストを実施するためには、テスト容易化設計とATEの協働が必要です。

　コンカレントテストを実施するためのテスト容易化設計に求められる事項は、①外部テストピンの共有、②独立してコアをテストできる機構、③コンカレントテストの制約条件、④動的なテスト機構、⑤テストデータ量、⑥テストスケジューリング、⑦共通のコアインタフェース、および⑧欠陥を持つコアの指摘です。

　一方、コンカレントテストを実施するためのATEに求められる事項は、①周波数を可変できるテスターチャネル、②デジタル・アナログ・高速I/Oデータなどのデータの混在を許容できること、③多くのブロックを同時にテストするための多数の電源供給ピン、④同時測定テスト、および⑤自動テストスケジューリング・ソフトウェアです。

テストの経済性

次にテストの経済性に関して議論します。

近年、論理回路の回路規模の増加に比例してテストデータ量 (ベクタの数と幅) が増大しています。論理回路に印加するテストデータ量の増加は、テスト装置 (ATE) のチャネル当たりのベクタメモリの深さを増し、被検査回路のテスト時間を増加させることとなります。

これまでに考案されているテストコストを低減・抑制する方法は、1：同時測定テスト、2：構造テストやテスト容易化設計としてのスキャンテスト、3：組み込み自己テスト (BIST)、4：論理テストベクタの圧縮法、5：製品そのものに埋込まれた圧縮ハードウエアによる圧縮、6：歩留まり習熟、および7：コンカレントテストです。

最近の被検査回路がもつ高速 (Gb/s) で複雑な被検査回路とI/O間のプロトコルや被検査回路の並列性、および信号と電源の多ピン化に伴って、テストコストにおける、プローブインタフェースのハードウェアおよびテストソケットにかかるコストの占める割合が増加しています。

半導体技術ロードマップ専門委員からの報告書において、プローブカードと同時測定テスト数のトレードオフ、および同時測定テスト数に悪影響を与える要因に関してそれぞれ議論されています。

この議論では、プローブカードとしては、カンチレバーカード (2個〜8個の同測可能)、垂直針カード (16個または32個の同測可能)、MEMS式などの先端技術を使用したプローブカード (64個の同測可能) が想定されています。

この前提条件において、ATEコストとプローブカードコストの割合と、1個測定時と複数個の同時測定テスト時のトータルコストが試算されています。その試算結果では、プローブカードのコストの増加率が高いために、トータルコストが1個測定時に比較して、指数的に増加する傾向があることが示されています。

　図3-3は、同測数の増加に伴うテスト総費用、同測効率、およびスループットの変化の傾向を示しています。

　試算結果から同時測定テスト数増加時のプローブカードコスト比率の増加を相殺するためには、同時測定テスト時のスループットを向上させることが重要であることが示されています。

　さらに議論を進めるために、同時測定した場合のスループットを低下させる要因の影響を同時測定テスト時の効率（同測効率）として定義されています。

　垂直針カードやMEMS式カードなどを利用した同時測定テストの場合は、同測効率のわずかな違いが大幅にスループットを低下させることが示されています。

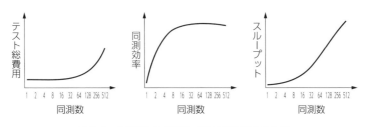

図3-3　同測数の増加に伴う各種項目の変化

多様なテストに基づく歩留まりの習熟

　ここでは、多様なテストに基づく歩留まりの習熟に関して議論します。

　被検査回路内の故障の有無を判定するためにテストを行いますが、テスト時の局所的な電圧降下（パワーグリッドドロップ）およびクロストークの影響などが、テストの結果に影響を与えます。これらの影響を受けた結果、テストが被検査回路内に存在する故障を検出できなくなった場合を「テスト見逃し（テストエスケープ）」と呼びます。

　また、これらの影響を受けた結果、故障の存在しない被検査回路（正常回路）を故障回路として判定する場合を「歩留まり損失（オーバーキル）」と呼びます。そのためにテスト手法や検査容易化設計においても、動作時電力およびテスト時電力を考慮します。

　さらに、最近は、回路の動作状態（周波数、電圧、ボディーバイアス）を調節できるアダプティブ回路動作もテスト時に考慮することが必要になっています。

　これらのテストの結果に基づく歩留まりの習熟は、(1) 欠陥 および (2) パラメトリックとばらつきの両方に対して必要とされます。欠陥の習熟はランダム欠陥とシステマティック欠陥の両方を対象とします。テストと故障診断による習熟によってレイアウトを製品の製造工程に反映します。

　パラメトリックとばらつきに関係したフィードバックは、①デバイスと内部接続パラメータ、および②設計プロセス相互作用に対して必要とされます。テスト結果に基づく習熟に利用するために、熱や電源電圧のセンサや、プロセスモニタリング用のリングオシレータをチップ上に埋め込んで、それらの分布を測定します。

デバイスと内部接続パラメータの計測は、ダミーチップ、スクライブライン、チップ上に設けられたダミーパターン（テストのために付加したレイアウト）に依存しています。

　チップ上に埋め込んだ熱や電源電圧のセンサや、プロセスモニタリング用のリングオシレータは、パラメトリック不良診断の結果やばらつきを解析するために利用されています。解析には、トランジスタ長、Vt、ソースドレイン抵抗などの変化を利用します。さらにこれらの要素は、ダイ間、ダイ内の両方を考慮しなければなりません。

　解析結果は歩留まり改善のために、①製造工程へのフィードバックによる工程修正、②モデリングを通じた設計へ反映、③後工程におけるアダプティブテストへの反映などに利用されます。

　埋め込み評価用素子の利点は、コストの問題やデータアクセス制限によって、十分なスクライブラインデータが利用できない場合においてもパラメトリックデータを利用できることです。

　さらに、近年の高速化を実現した製品では、テストにおいて、被検査回路におけるタイミング不良の原因となる遅延故障のテストが必要になっています。

　この遅延故障のテストの精度を向上させるためには、テストにおいても被検査回路の製造時の各種のばらつきを考慮することが必要になっています。例えば、被検査回路の内の経路（パス）に対しての遅延故障をテストするパス遅延故障テスト生成において、テスト対象パスの選択の精度を上げるために、製造ばらつきを考慮します。

　これらのように多様なテストおよび故障診断の結果が歩留まり習熟に反映されると考えられます。

3.1.3 半導体テスト装置

半導体テスト装置および周辺装置としては、代表的な装置を列挙します。

半導体テスト装置としては、汎用メモリ用テスト装置、システムオンチップ(SoC)テスト装置、フラッシュメモリ用テスト装置、ディスプレイ・ドライバテスト装置、アナログテスト装置などの汎用、専用のテスト装置があります。

半導体テスト装置の周辺装置としては、テストハンドラ装置およびデバイスインタフェース装置があります。

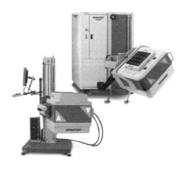 

図3-4　システムオンチップ(SoC)テスト装置　　　図3-5　テストハンドラ装置

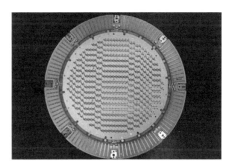

図3-6 デバイスインタフェース装置

次に、各種のテストとそれに必要な装置について概説します。

① ウェーハテストのための装置

ウェーハテスト工程では、テスタ、プローバ、インタフェース、およびプローブカードといった装置や治工具で構成される装置群が必要です。

プローブカードは、ウェーハに形成された被検査回路のボンディングパッドに接続して電気信号を入出力し、機能検査を行う目的で用いられます。プローブ（試験探針）がプリント配線基板に取り付けられた構造をしており、ウェーハプローバに装着してLSIテスタのテストヘッドと接続し、ウェーハを搬送してLSIのボンディングパッドをプローブカードに対し位置決めした後に、押し当てることにより電気的な接続が確立します。

プローブカードは接触端子の機械的動作原理からカンチレバー型（Cantilever type）、垂直型、メンブレン型の3つに大別されます。

カンチレバー型は片持ち梁の原理で働く端子構造を持つプローブカードです。

垂直型は座屈応力の原理で働く端子構造を持つプローブカードです。メンブレン型はフィルム状のシートに尖形のプローブ端子ならびに配線パターンを形成した構造を持つプローブカードです。被検査回路のボンディングパッドが小さくなり多ピン化することによって、プローブ端子も小さな寸法にすることが必要になります。

　カンチレバー型ではプローブの寸法が長く、すべてのプローブの全長を均等に揃えることが困難であるので、インダクタンスの大きさやばらつきから高速信号の伝送には限界が生じています。

　垂直型やメンブレン型ではプローブ端子を短く均等にすることが可能なので、高速信号を伝送できます。

　ウェーハテストにおいては、できるだけ多くのチップを同時にテストすることが重要であるためプローブカードには高い信頼性が要求されます。

② バーンイン試験のための装置

　バーンイン試験のための装置は以下のように分類されます。

　モニターバーンイン装置：出力信号をモニタする機能が搭載されています。

　ダイナミックバーンイン装置：高温の下で対象となるデバイスを動作させながらバーンインを実施する機能が搭載されています。

　ウェーハレベルバーンイン装置：ウェーハ上のダイをプローブするためにプローバが用いられています。

③ 選別テストのための装置

　選別テストでは、測定部を持つテスタに加えて、製品のパッケージの種類に適応してテスタに接続させるハンドラが必要です。

ここでハンドラの役割は、テスト時の温度を高温から低温に維持すること、およびテスト後に良品と不良品を分類することです。

④　テスト容易化設計と連携したテストのための装置
　テスト容易化設計と連携したテストは、BOST (Built Out Self Test または Built Off Self Test) と呼ばれます。
　Built Out Self Test はテストボード上にテスト機能を付加して高機能なテストを実行させる方式です。また、Built Off Self Test は組み込み自己テスト (BIST) 回路のチップ・オーバヘッドを削減するために、BIST回路をテスト・ボード上に構成してテストを実行させる方式です。

テストハンドラ
　次に、テストハンドラに関して詳細に説明します。

　テストハンドラは、①メモリ系ハンドラ、②ロジック系ハンドラ、③LCDドライバ用途向けのハンドラ、④高密度実装モジュールを対象とする次世代ハンドラに大別できます。
　ハンドラに対する要求には、測定能力の向上、測定インデックスタイムの短縮、同時測定数の増加などがあります。
　ハンドラは、対象とするデバイスごとに特徴を持っています。
　テープ状のベースフィルムにチップを搭載した連続するデバイスを対象とするハンドラは、TABハンドラです。TABハンドラは、LCD用ドライバの特徴である狭ピッチ／多ピンのデバイスをコンタクトするために開発され、画像処理装置等を活用し高精度な位置決め機能を持っています。

近年の表面実装されたデバイスを対象とするハンドラは、ディスクリート・ハンドラです。

　ディスクリート・ハンドラは、デバイスを自動整列し、測定結果に基づいてスティックやエンボステープに収納します。また、フレーム (ストリップ) から個片化する機能、マーキング機能、画像処理装置による外観検査機能などを実現しています。

　一括モールドされた複数のデバイス群を対象とするハンドラはストリップ・ハンドラです。

　ストリップ・ハンドラは、個片化すると搬送が困難なBGA (Ball Grid Array) パッケージやWLP (Wafer Level Package) などの極小化されたデバイスを効率よく搬送できます。

ATEのコスト

　次に、ATEのコストに関して議論します。

　ITRSにおいては、ATEのコストに関する議論を進めるために、次の評価式が提案されています。

$$\begin{aligned}\text{テスト工程投資コスト} &= \text{基準コスト} + \text{インタフェースに関するコスト} \\ &+ \text{設備供給電源に関するコスト} + \text{計測器のコスト} \\ &+ \text{その他のコスト}\end{aligned} \quad (3.1\text{式})$$

　この評価式のコストの構成要素が議論されています。

基準コスト：機械的なインフラストラクチャ、バックプレーン、テスタのオペレーティングシステム・ソフトウェア、およびセンタ装置の費用によって構成されています。同時測定テストのスループットを向上させることを考慮して、ATEのリソースの専用化、新しいプローブカード技術やハンドラ技術を開発して、コストを削減しています。

インタフェースに関するコスト：デバイスに接続するのに必要な費用 (例えばインタフェースエレクトロニクス、ソケット、およびプローブカード)

計測器のコスト：デジタル、アナログ、RF、メモリテスト装置などの費用

設備供給電源に関するコスト：同時測定数の増加に伴う供給電源の増加に伴う費用

その他のコスト：床面積

バーンイン

次に、バーンインに関して詳細に説明します。

バーンインは、半導体製品の初期不良を取り除く手段として、メモリのためのデバイスを中心に行われています。近年、半導体プロセスの微細化や新材料・新プロセスの導入によりますますその必要性が増大しています。さらに、メモリを内蔵したシステムオンチップにおいても必要な工程となっています。

図3-7に、ウェーハレベルバーンインの工程を示します。

ウェーハレベルバーンインでは、テスト容易化設計法であるスキャン、論理回路用の組み込み自己テスト (ロジックBIST)、メモ

リ用の組み込み自己テスト（メモリBIST）を援用して、同時測定を行います。

　ウェーハレベル・バーンインの構成要素は、例えば、デバイスの定常動作状態において、デバイスに電圧ストレスをかけること、ウェーハ全面のコンタクトを行うこと、および欠陥の促進に充分な高温と時間を与えることを同時に実施することをウェーハレベル・バーンインと呼んでいます。

ウェーハレベル・バーンインの必要性
　ウェーハレベル・バーンインの必要性は次のように整理できます。
①トランジスタのスケーリング効果、新しいプロセス技術とデバイスの材料によって初期故障率が悪化していること
②デバイスの動作電圧とマージンの減少が電圧加速、電圧ストレステストを用いた信頼性保証の有効性を低下させていること
③チップ積層、チップスケールパッケージング、マルチチップモジュールを実現するためにノーングットダイ（KGD）が必要になっていること

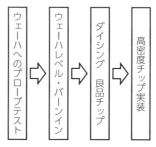

図3-7　ウェーハレベル・バーンインの工程

ウェーハレベル・バーンインにおいて、ウェーハに一括コンタクトするプローブとしては、TPS (Three Parts Structure) プローブおよびマイクロポゴピンコンタクタがあります。

　TPS プローブは、多層配線基板、バンプ付き薄膜、異方導電ゴムシートの3層からなり、中央の異方導電ゴム層がバンプ高さばらつきを吸収するため、均一で安定なコンタクトを実現できます。

　マイクロポゴピンコンタクタは、熱膨張係数をウェーハとマッチングさせたハウジング材に垂直型両可動プローブを配した構造となります。

3.2 デジタル回路をテストする

3.2.1 論理回路のテスト

(1) 故障モデル

物理的な欠陥と欠陥が引き起こす故障および故障モデルについて説明します。

LSIのチップ上に生じる物理的ショートやオープンは欠陥と呼ばれます。これらの欠陥は様々な故障を引き起こします。図3-8は2入力NANDゲートのトランジスタレベルでの回路図です。回路に生じる欠陥とその欠陥が引き起こす故障の例を示します。

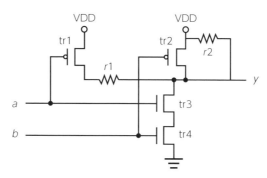

図3-8　欠陥と故障モデル

トランジスタtr1と出力yの間に抵抗値r1の欠陥が生じたと仮定します。

（ⅰ）抵抗値 r1 が十分小さいとき正常に動作します。

（ⅱ）r1 が十分大きいときオープン故障が生じます。このオープン故障をテストするためには 2 個の連続するテストパターン (a,b) = (1,1)、(0,1) を印加する必要があります。

（ⅲ）r1 が中間的な値のとき、トランジスタ tr1 が y を駆動することが抵抗値 r1 の分だけ困難になり、y の立上り遅延故障となります。

電源 VDD と出力 y の間に抵抗値 r2 のショートが生じたと仮定します。

（ⅰ）抵抗値 r_2 が十分小さいとき、出力 y と VDD が短絡し y に 1 縮退故障が生じます。入力 a = 1、b = 1 のとき、r2、tr3、および tr4 を通る直流パスが形成されます。後述する IDDQ テストが有効です。

（ⅱ）r_2 が十分大きいとき正常に動作します。

（ⅲ）r2 が中間的な値のとき、トランジスタ tr3 および tr4 が y をプルダウンすることが抵抗値 r2 の分だけ困難になり、出力 y の立下り遅延故障となります。

このように、欠陥の生じる場所とその程度に応じて様々な故障を生じます。個々の欠陥に応じてテストパターンを生成することは困難であり、故障モデルという考え方が用いられることになりました。その考え方の詳細ならびに故障モデルが備えるべき要件についてはディペンダブルシステムに関する文献を参照してください。

故障モデルとして次のモデルが知られています。

・縮退故障モデル
・遅延故障モデル
・ブリッジ故障モデル
・オープン故障モデル

このうち、主として縮退故障モデルと遅延故障モデルが用いられています。

故障モデルが決まれば、下記の式に基づいてテストパターン集合Tに対する故障検出率（故障カバレージと呼ばれることもあります）を求めることができます。

$$故障検出率 = \frac{Tで検出される故障数}{総仮定故障数 - 冗長故障数} \quad (3.2式)$$

(2) 冗長故障

論理回路に故障 f が生じたと仮定します。この故障 f を検出するようなテストパターンが存在すれば、故障 f は検出可能な故障と呼ばれます。テストパターンが存在しなければ、故障 f は冗長故障と呼ばれます。以下の論理式を実現する回路とそのカルノー図を図3-9に示します。

$$y = ab \vee bc \vee \bar{a}c \quad (3.3式)$$

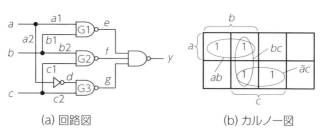

(a) 回路図　　　　(b) カルノー図

図3-9　冗長回路の例

カルノー図から分かるように、積項 bc は冗長です。言い換えると、次式が成立します。

$$y = ab \lor bc \lor \bar{a}c = ab \lor \bar{a}c \quad (3.4式)$$

ゲートG2の出力に生じた1縮退故障 f/1 を検出するテストパターンは存在しません。すなわち、f/1 は冗長故障です。同様に、b2/0 および c1/0 も冗長故障です。

ある故障が冗長故障かどうかを判定する問題は、一般には非常に困難です。しかし、冗長故障の特定は故障カバレージの向上に直接つながります。そのため、現在のATPGツールはほとんどの冗長縮退故障を特定しています。

冗長故障は、本来、回路に含まれないことが望ましいのですが、論理合成の過程で生成してしまうことがあります。取り除くことには困難が伴いますので、故障カバレージを計算する際に対象故障から除くことが現実的対処となります。標準的なベンチマーク回路にも少なからず冗長回路が含まれていることが知られています。

(3) スキャンベースの遅延故障テスト法

スキャンチェーンを用いた遅延故障テスト手法として、LoC (Launch-on-Capture) 法とLoS (Launch-on-Shift) 法が用いられています。

LoC法はbroad-side法、double-capture法、あるいはsystem-clock-launch法と呼ばれることがあります。

LoS法はskewed-load法、あるいはlast-shift-launch法と呼ばれることがあります。回路の構成はLoC法とLoS法とも同一です

が、SE (Scan Enable) 信号の使い方に相違があります。

図3-10 (a) に回路図を示します。

SE = 1のとき、クロック信号CKの立上りでスキャンチェーンSC1、SC2、SC3にスキャンデータSD1、SD2、SD3がスキャンインされます。

SE = 0のとき、クロック信号CKの立上りで回路F1、F2が機能動作を実行し、実行結果がスキャンチェーンにキャプチャされます。

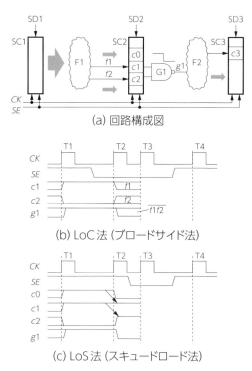

(a) 回路構成図

(b) LoC法 (ブロードサイド法)

(c) LoS法 (スキュードロード法)

図3-10　スキャンチェーンを用いた遅延テスト法

説明のため、2入力NANDゲートG1の立下り遅延をテストするものとします。最初のクロックサイクルでc_1、c_2の少なくとも一方が0、かつ続くクロックでは$c_1 = 1$、$c_2 = 1$でなければなりません。

図3-10 (b) はLoC法を用いたテスト手法を示すタイムチャートです。

クロックT1では$SE = 1$であり、ここまでにスキャンインが完了します。$g_1 = 1$にするため、$c_1 = 1$、$c_2 = 0$がスキャンインされています。その後、クロックT2の立上がりまでに$SE = 0$となり機能動作の実行が可能となります。

クロックT2の立上りでc_1、c_2にはそれぞれ回路F1からの出力f_1、f_2がキャプチャされます。f_1、f_2の両方が1となるよう、SC1に適切な値をスキャンインしておかなければなりません。同時に、$g_1=1$がSC3のc_3に伝播するようにc_1、c_2を含めSC2の各値を設定しなければなりません。

その結果はクロックT3の立上りでc_3にキャプチャされ、クロックT4以降でスキャンアウトされます。このように、回路F2内の遅延故障をテストするためには、SC2にテストデータをスキャンインするだけでなくSC1にも適切な値を設定する必要があります。

図3-10 (c) はLoS法を用いたテスト手法を示すタイムチャートです。

LoC法との違いは、クロックT2では$SE = 1$のままでありクロックT3の立上りまでに$SE = 0$となる点です。クロックT1で$g_1 = 1$にするために$c_1 = 1$、$c_2 = 0$がスキャンインされ、$c_0 = 1$をスキャンインしておきます。その後、クロックT2の立上りで、c_1、c_2にはぞれc_0、c_1がシフトインされ$c_1 = 1$、$c_2 = 1$となります。

同時に、$g1 = 1$がSC3の$c3$に伝播するように、SC2の各値をシフトして設定しなければなりません。その結果はクロックT3の立上りで$c3$にキャプチャされ、クロックT4以降でスキャンアウトされます。

このように、回路F2内の遅延故障をテストするためには、SC2にテストデータをスキャンインするだけですみます。LoS法はLoC法よりもテストパターンの生成は容易です。しかし、SE信号をT2の立上りとT3の立上りの間に変化させる必要があり、回路設計はより困難です。

また、回路の機能によってはその回路が1クロックで動作する必要はなく、2クロック以上の遅延が許されることがあります。このようなパスはマルチサイクルパスと呼ばれます。

マルチサイクルパスをテストする場合には、図3-11で示されるように、$SE = 0$にして3個以上のクロックを連続して投入します。この手法はマルチサイクルテストと呼ばれることがあります。

特に、遅延故障テストのように2個のクロックを連続して投入する場合、2サイクルテストと呼ばれます。2サイクルテストはオープン故障テストのために使用することも可能です。マルチサイクルパスは遅延故障テストの対象故障から除外しておく必要があります。

図3-11 マルチサイクルテスト

(4) 電流テスト

回路に生じる短絡故障を検出するために電流値を用いるテスト、すなわちIDDQテストも用いられています。しかし、微細化の進展とともに、故障に起因する異常電流とリーク電流との差が小さくなり適用が困難となりつつあります。このような状況は十分認識されていますが、これまで有効な手法であったこともあり、様々な工夫が考案されています。

ここでは、代表的手法として、デルタIDDQ法ならびにカレントレシオ法について説明します。

図3-12　デルタIDDQ法

図3-12は3個のチップa、b、cに対してそれぞれ5個のテストパターンを印加したときの電流値を表しています。

チップa、bは良品です。チップcは不良品ですが、テストパターン1〜4に対する電流値は正常値の範囲内となっています。チップcのテストパターン5に対する電流値のうち、図中のグレー部分が異常電流を表します。しかし、チップa、bのテストパターン1〜4に対する電流値と比較して著しく大きいとはいえず、ヒストグラムを用いた手法では異常値を判別できません。

そこで、パターンjに対する電流値i_jとパターン$(j+1)$に対する電流値i_{j+1}の差分$|i_j - i_{j+1}|$を調べる手法が考案されました。この手法をチップa、b、cに適用すると、チップcのテストパターン4とパターン5に対する電流値の差分$|i_4 - i_5|$は、チップa、bに対する差分$|i_4 - i_5|$と比べて著しく大きいことが分かります。

この手法を用いると、リーク電流のバイアス分がキャンセルされます。電流値の差分を用いるのでデルタIDDQ法と呼ばれています。

さらに、カレントレシオ法では、テストパターン集合Tに対する最大電流値$iddq_{max}$と最小電流値$iddq_{min}$に対して、良品チップでは、

$$iddq_{max} = slope \times iddq_{min} + intercept \qquad (3.5\text{式})$$

が成立する性質を利用します。ここで、$intercept$はリーク電流を表します。

図3-13に示されるように、Tに対する最小電流値i_jに対し、最大電流値が図中の矢印で示される範囲内であれば良品チップと判定されます。左上方向の値となる場合には不良チップと判定されます。この手法はTに対する最大電流値と最小電流値の比を用いるので、カレントレシオ法と呼ばれています。

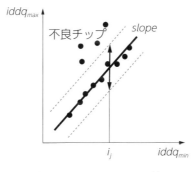

図3-13　カレントレシオ法

3.2.2　メモリのテスト

(1) 故障モデル

　メモリは最先端の微細化技術を用い、デバイスの密度も高く、ワード線やビット線等の長い配線も存在します。そのため、様々な欠陥が生じやすいデバイスです。

　メモリの代表的な故障モデルとして下記のセル故障が知られています。

・セルの縮退故障
・セルのカップリング故障

　セルの縮退故障はセルが0または1に固定する故障です。0/1ライトリード・テストパターンあるいはチェッカーボード・テストパターンで検出可能です。

(a) セルの論理配置例

繰返し型
左右反転型

(b) セルの物理配置例

図3-14　メモリセルの配置例

　セルのカップリング故障は、あるセルの値が周辺のセルの干渉を受ける故障です。

　図3-14 (a) にメモリセルの配置例を示します。セル5が8個のセルに囲まれています。例えば、セル2に1が書き込まれたとき、セル5の値が1に変化することはカップリング故障の一例です。0/1ライドリードパターンやチェッカーボードパターンは、書込みの順序が決められていないので、このようなカップリング故障を必ずしも検出できるとは限りません。

　メモリのチップ面積を小さくするために、図3-14 (b) に示すように、セルレイアウトを左右（場合によっては上下）に反転して、レイアウトの一部（例えばコンタクト）を重ね合わせることがあります。

　この場合、論理的な0/1パターンがチップ上での0/1パターンと異なることがあります。例えば、論理的なオール0パターンがチップ上ではチェッカーボードパターンとなり得ます。テストパターン設計の際には注意が必要です。

　この他、アドレスデコーダ故障、ワード線故障、ビット線故障、センスアンプ故障、プリチャージ回路故障、リーケージ故障ほかが生じます。また、フラッシュメモリ等では、電源をオフした後も仕

様で示される期間データを保持しなければなりませんが、保持できない故障はリテンション故障と呼ばれます。

(2) マーチC-テストパターン

メモリのテストパターンとして、図3-15に示すようなマーチC-と呼ばれるパターンが広く用いられています。

このテストパターンは6個のステップからなっています。

ステップ1では、すべてのアドレスにオール0を書き込みます。このとき、アドレスは昇順でも降順でも構いません。

ステップ2では、ステップ1で書き込まれたオール0を読み出し、そのアドレスにオール1を書き込みます。この操作をアドレス0から昇順に実行します。行進のように順々にオール1となりますのでマーチングと呼ばれます。

ステップ3では、ステップ2で書き込まれたオール1を昇順に読み出し、そのアドレスにオール0を書き込みます。

ステップ4および5では、ステップ2および3の操作をアドレスの降順に実行します。

ステップ6では、ステップ5で書き込まれたオール0を読み出します。

各アドレスに対して10回の書込み／読出しが行われるので、10Nパターンと呼ばれます。ここで、Nはアドレスの総数を表します。

```
1  W0       ↕
2  R0, W1   ⇑
3  R1, W0   ⇑
4  R0, W1   ⇓
5  R1, W0   ⇓
6  R0       ↕
```

図 3-15　マーチ C-テストパターン

以下、故障検出の例をいくつか示します。

アドレス i のセル j に 1 が書き込まれたときアドレス ($i-1$) のセル j の値が 1 に遷移するカップリング故障が生じたと仮定します。ステップ 3 の終了時にすべてのアドレスにオール 0 が書き込まれます。ステップ 4 でアドレス i にオール 1 が書き込まれたとき、アドレス ($i-1$) のセル j が 1 に遷移します。続いて、アドレスは降順なので、アドレス ($i-1$) からこの 1 が読み出されます。これによって上記のカップリング故障が検出できます。

アドレスデコーダの出力 i に 1 縮退故障が生じ、ワード線 i に 1 縮退故障が生じたと仮定します。この故障によって、アドレス i は常にアクセスされるものとします。

ステップ 1 ですべてのアドレスにオール 0 が書き込まれます。ステップ 2 でアドレス 0 からアドレス ($i-1$) に対しオール 1 を書き込んだとき、アドレス i にもオール 1 が書き込まれます。アドレスは昇順にアクセスされるので、アドレス i のオール 0 を読み出そうとしたときにオール 1 が読み出されることになります。これによって、アドレスデコーダの 1 縮退故障が検出できます。

センスアンプに0縮退故障が生じたと仮定します。このとき、読出しデータの特定ビットが0となります。ステップ3でオール1を読み出すとき、この故障を検出することができます。

(3) マーチLRテストパターン

図3-16にマーチLRテストパターンを示します。

マーチC-テストパターンとの本質的な違いは、ステップ3およびステップ5です。

ステップ2の終了時点でメモリ全体にオール1が書き込まれます。ステップ3では、このオール1を読み出した後、1個のアドレスにオール0を書き込んで読み出し、さらにオール1を書き込みます。すわなち、1個のアドレスだけにオール0が書き込まれるので、ウォーキングパターンが実現されます。ステップ5では、0と1が逆のウォーキングパターンが実現されています。このテストパターンは14回の読出し／書込み操作からなるので、14Nテストパターンと呼ばれています。

```
1   W0      ↕
2   R0,  W1      ⇓
3   R1,  W0,  R0,  W1    ⇑
4   R1,  W0      ⇑
5   R0,  W1,  R1,  W0    ⇑
6   R0      ⇑
```

図3-16　マーチLRテストパターン

このテストパターンはリーケージ故障を検出できます。ステップ3では1個のアドレスだけがローレベルとなります。このことは1個のメモリセルがビット線を駆動することを意味します。

ビット線には多数のセルが接続されています。理想的には、選択されないメモリセルとビット線は高インピーダンス状態です。しかし、微細化とともに微小なリーク電流が生じ、多数のセルに微小なリーク電流が生じると、1個セルでビット線を駆動できないことがあり得ます。マーチLRテストパターンを用いればこのようなリーケージ故障を検出できます。

ステップ5では、ステップ3と同様に、1個のアドレスにのみオール1が書き込まれます。これによって反転ビット線に接続されるメモリセルのリーケージ故障を検出できます。

(4) アドレスデコーダのオープン故障検出

アドレスデコーダのオープン故障を検出するテストパターンの例を示します。

図3-17はデコーダ回路の一部であり、故障がなければ $(a2, a1, a0) = (1, 0, 1)$ のとき $y = 1$ となります。トランジスタtr2にオープン故障が生じたと仮定します。この故障を検出するためには、$(a2, a1, a0) = (1, 0, 1)$、$(1, 1, 1)$ を連続して印加する必要があります。マーチテストパターンでは、アドレスの昇順あるいは降順でアクセスするため、このオープン故障は検出できません。

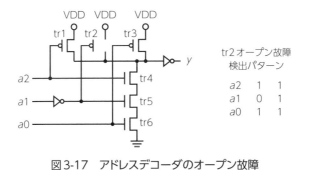

図3-17　アドレスデコーダのオープン故障

　ギャロッピングパターンはすべてのアドレスの遷移を網羅するのでこの故障を検出できます。しかし、$O(N^2)$ アルゴリズムなので実用的とはいえません。このオープン故障を検出するためには、必ずしもすべてのアドレス遷移を尽くす必要はなく、必要な2パターンを投入すれば十分です。$O(N)$ アルゴリズムでかつすべてのアドレスデコーダオープン故障を検出できるテストパターンも知られています。

(5) メモリの修復手法

　メモリ回路は規則的な構造を持つので修復ができるという特徴があります。スペアのビット線やワード線を用意し、場合によってはブロックごとに置き換えることになります。

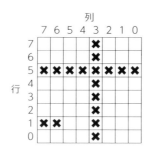

図3-18　FAILビットマップの例

　メモリを修復するためには、まず、どの部分が故障しているかを特定しなければなりません。マーチテスト等を実行すれば、その応答からFAIL部分を特定することができます。FAIL部分を示すマップ情報はFAILビットマップと呼ばれています。

　一例を図3-18に示します。

　この例では、第1行のビット位置3、6および7、第5行の全ビット、および第3列の全ビットに故障が生じています。

　第5行の故障はアドレスデコーダあるいはワード線の故障と考えられます。

　第3列の故障はビット線、センスアンプ、あるいはプリチャージ回路の故障と考えられます。

　第1列のビット6および7に生じた故障は、セルの左右を反転して重ね合わせた部分の故障と考えられます。

　2個のスペア行と1個のスペア列、あるいは1個のスペア行と3個のスペア列があれば、このメモリを修復できます。

　図3-19に行の置き換えによる修復回路の構成例を示します。

　行デコーダからは4本の行信号r3、r2、r1、r0が出力されてい

ます。スペア情報レジスタの値に従ってスイッチ回路が切り替わり、行デコーダからのr3、r2、r1、r0はそれぞれスペア行、行3、行1、行0に接続されます。これによって故障が生じている行2を回避することができます。スペア情報はヒューズとして実装することも可能です。

メモリ回路の修復は歩留まりの向上につながるという利点があります。一方で、チップ面積が増加し、回路遅延も増加し、設計コストも増加します。効果とコストのトレードオフとなります。

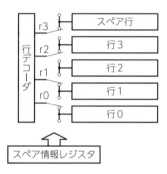

図3-19　メモリ回路の行修復の例

個別のメモリチップに対しては、FAILビットマップをチップ外のATEに格納し、修復情報を生成するほうが一般的です。このとき、リペア情報はヒューズなどのデバイスに格納されます。

一方、SoCなどに搭載される埋め込みメモリに対しては、チップ内部で修復情報を生成し、レジスタにリペア情報を格納するBISR (Built-In Self-Repair) が用いられています。

図3-20にBISRの構成例を示します。

BIST回路はアドレスカウンタやパターンコントローラを含み、マーチテスト等を実行します。BIRA (Built-In Repair Analysis) 回路はアドレスリマッピング、リペアコントローラからなります。BIRAは、BIST回路の実行結果をモニタし、FAIL情報から修復に必要な情報を作成し、スペア情報レジスタにリペア情報を設定します。この例では、パワーオンリセットの度にBISTの実行、リペア情報の計算と格納が行われます。

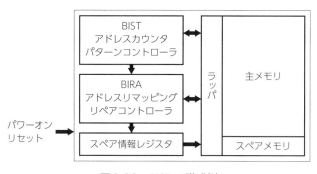

図3-20　BISRの構成例

3.2.3　TSVのテスト

(1) 故障の検出

シリコン貫通ビア (TSV：Through Silicon Via) として様々な技術が開発されており、図3-21 (a) にその構造の一例を示します。

シリコン基板にビア孔をあけ、酸化膜による絶縁層を形成し、バリア金属等が形成され、さらに金属が充填されます。その後、図の破線部分まで裏面から研磨薄化され貫通配線が形成されます。研磨

薄化によりダイの強度は減少します。

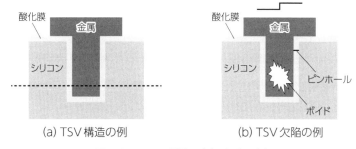

(a) TSV構造の例　　　　(b) TSV欠陥の例

図3-21　TSV構造の例と欠陥の例

図3-21 (b) に、生じる得る欠陥の例を示します。

酸化膜にピンホールが、金属部分にボイドが生じています。このピンホールによってビアと基板の間にリークが生じ、ボイドによって抵抗値が変化します。言い換えると、TSV上部から見たときのインピーダンスが変化します。

インピーダンスの変化が大きければ、TSV上部から階段状波形を投入し、TDR (Time Domain Reflectometry) 法を用いて応答波形を測定すれば、原理的には故障検出が可能です。しかし、実現には困難が伴っています。

一方、積層化後にはTSVは配線の一部となるので、個別にテストすることはきわめて困難です。欠陥のあるTSVを用いて積層化すると積層デバイス全体を廃棄することになり、コストの増大につながります。

研磨薄化以前にTSVをテストする技術、あるいはTSV欠陥があってもそれらをマスクする冗長化設計手法が望まれます。

(2) テスト時間の短縮

積層デバイスのテスト時間を短縮化する手法も提案されています。その手法の例を図3-22に示します。

ダイ1、ダイ2、ダイ3が積層化されています。ダイ1にはテスト入力として100個、テスト出力として100個のTSVが用意されています。

ダイ1へのテスト入力のうち40個はダイ1のスキャンインに用いられ、テスト出力のうち40個がスキャンアウトに用いられています。テスト入力のうち残りの60個はダイ2およびダイ3に接続されています。テスト出力のうち60個はダイ2からの信号です。この部分はテストエレベータと呼ばれています。

テストエレベータを用いることにより、ダイ1とダイ2またはダイ1とダイ3は同時にテストできます。ダイ2とダイ3は同時にテストすることはできません。テストエレベータの設置により、テストスケジュールの自由度が増し、テスト時間の短縮となります。

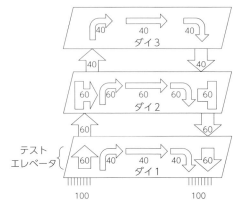

図3-22　積層デバイスのテスト時間短縮手法

コラム

故障モデルについて

　テスト技術の歴史におけるブレークスルーの1つとして、縮退故障モデルがあります。回路内のある信号線が論理値0（または1）に固定するという故障が0（1）縮退故障です。縮退故障モデルは、テスト品質を評価するためのベースとして長年にわたって使われています。近年、半導体プロセスの微細化に伴って、ブリッジ故障、オープン故障、遅延故障など様々な故障モデルの使用も進んできました。また、高信頼性が必要な用途では、セル内部の欠陥まで考慮した故障モデルも使用されています。しかし、縮退故障モデルが根底にある状況は今でも変わっていません。

初出：日経 xTECH　連載「パワーデバイスを安心・安全に使う勘所」、テスト豆知識（その2）2016年2月掲載を改訂

3.3 アナログ回路をテストする

本節では、アナログ回路のテストについての概略を示すとともに、本書の第 1 章 1.3 で学んだ各種アナログ回路についてのテストについてそのテスト手法やテスト項目を紹介します。

3.3.1 アナログデバイスのテスト

本項では、アナログデバイスのテストについての概要を学びます。第 3 章 3.2 のデジタル回路のテストでは、多くの場合入力・出力ともにデジタル値である "1" と "0" あるいは "H" と "L" であったため、テストに必要な入力信号を生成し、また、良品／不良品を判別するための出力信号を観測することが比較的容易でした。それに対して、アナログデバイスでは入力信号、出力信号ともに電圧値（あるいは電流値）が時間経過にともなって連続的に変化するため、テストについてもより複雑になります。したがって、デジタル回路のテストで用いられる ATPG や BIST などの技術をそのまま用いることはできません。

アナログ回路のテストでは、多くの場合、テスト対象のデバイス (Device Under Test：DUT) がデータシートやスペックシートに記載されている特性を持っているか否かを測定、評価します。測定の際には、データシートに記載されているそれぞれの特性について、入力レンジ全体にわたって入力信号を掃引しながら出力信号を観測し、その得られた特性がデータシートの仕様を満たすか否かを判断することでテストを行います。したがって、信号生成、信号観

測ともに用途に応じて適切な計測器を用いることになり、また、テスト自体も長い時間がかかります。

　近年では、アナログ回路やデジタル・アナログのミックスドシグナル回路 (いわゆる AMS 回路) に適用可能な ATPG や BIST についても研究が行われています。しかし、それらの手法は特定の回路のみにしか適用可能でなかったり、人間による多くの手作業が必要であったりするため、まだまだ成熟した技術とはいえない状況です。困難な理由は、アナログシステムの応用の多様性と前述したアナログ信号の連続性などであるため、アナログ回路のテスト効率向上のために研究が進められています。

　ここではまずアナログデバイスのテストの一例として、ボード線図を用いたオペアンプの AC 仕様のテスト、発振回路の周波数測定、アナログバウンダリスキャンについて紹介します。

(1) ボード線図とそれを用いたオペアンプの AC 仕様のテスト

　アナログ回路の周波数特性を表すためにボード線図 (Bode Plot) を用いることがあります。ボード線図は伝達関数の周波数特性をゲインと位相のそれぞれについてプロットした図であり、オペアンプなどの増幅回路においてはデータシートに記載されています。

　図 3-23 にボード線図の例を示します。オペアンプに対して正弦波を入力し、出力のゲインと入力との位相差を測定します。入力信号の周波数を掃引しながらゲインと位相をプロットすることで図のようなボード線図を描くことができ、これをもとに特性評価を行います。ボード線図はオペアンプの入力電圧を $v_{in}(j\omega)$、出力電圧を $v_{out}(j\omega)$ としたときの伝達関数 $H(j\omega) = v_{out}/v_{in}$ の $\omega = 2\pi f$ を x 軸、$|H(j\omega)|$ と $\angle H(j\omega)$ を y 軸としてグラフを描くことに相当します。

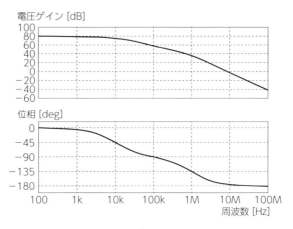

図3-23　ボード線図の例

　回路の安定性の評価指標として、位相余裕とゲイン余裕があります。例えば、オペアンプの反転入力端子と出力端子を短絡したユニティゲインバッファでは、ループゲイン（負帰還を一周するときのゲイン）はオペアンプのオープンループゲインと等しくなります。位相余裕はループゲインが0dBとなるときの、位相が−180degとなるまでの余裕であり、ゲイン余裕は位相が−180degとなるときの、ループゲインが0dBとなるまでの余裕です。

　図3-23のボード線図の例では、位相余裕が数degしかないため、ユニティゲインバッファとしてこのオペアンプを使用すると不安定な状態になってしまうといえます。

　一方、図3-24に示す特性のオペアンプでは、位相余裕が80deg程度、ゲイン余裕が15dB程度と十分な余裕があり、ユニティゲインバッファとして安定に動作するといえます。

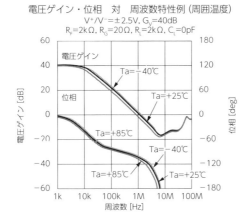

図3-24　オペアンプのボード線図の例

(新日本無線社製NJM2732データシートより)

一般的には位相余裕が45〜60deg程度あると発振せずに安定に動作するといわれています。

(2) 発振回路の周波数測定

発振回路は同期回路のクロック信号、無線通信における変調・復調回路など様々な用途で用いられています。それらの発振回路の周波数は一般的には周波数カウンタという計測器を用いることで測定可能ですが、ここでは周波数カウンタの測定原理について説明します。

図3-25に周波数カウンタの構成を示します。また、図3-26に周波数カウンタの測定原理について示します。

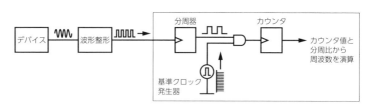

図 3-25　周波数カウンタの構成

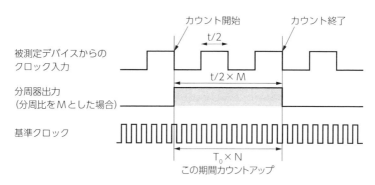

図 3-26　周波数カウンタの測定原理

周波数カウンタでは、既知の周波数 f_0[Hz] を持つ基準クロックを基準として周波数の測定を行います。したがって、基準クロックの周期は $T_0 = f_0^{-1}$[s] となります。

まず、測定対象のデバイスから出力された発振波形 (周波数 f [Hz]) を波形整形回路に入力することで、測定したい信号と等しい周波数 f[Hz] の矩形波信号へと変換します。この信号の周期は $t = f^{-1}$[s] となります。

この信号を分周器に入力することで周期を $t \times M$[s] とし、これと基準クロックの論理積 (AND) 演算を行うことで、$\dfrac{t}{2} \times M$[s] の期間だけ基準クロックがカウンタへと送られます。

158

このときのカウント数をNとすると、以下の式が成り立ち、対象の周波数を測定することができます。

$$\frac{t}{2} \times M = T_0 \times N \quad (3.6式)$$

$$t = \frac{T_0 \times N}{\frac{M}{2}} \quad (3.7式)$$

$$f = \frac{M}{2 \times T_0 \times N} \quad (3.8式)$$

図3-26からわかるように、基準クロックと分周器出力は非同期であるため、それが測定誤差の一因となり測定精度に影響します。分周比Mを大きくすることでカウンタの測定値Nを大きくし、$T_0 \times N$と$\frac{t}{2} \times M$との誤差を相対的に小さくすることで、この影響を小さくすることができますが、一方で測定時間が増大しますので、精度と測定時間はトレードオフの関係になります。

(3) アナログバウンダリスキャン

回路基板上のデジタルLSIのバウンダリスキャン試験に用いられるIEEE1149.1で規定されているJTAG (Joint Test Association Group) と同様に、アナログLSI向けのバウンダリスキャン試験のためにIEEE1149.4が規定されています。

IEEE1149.4では、IEEE1149.1で用いられているTAP (Test Access Port) 加えて、アナログテストポートとしてAT1、AT2という端子が用いられます。

また、アナログ信号ピンとLSI内のアナログ回路との間にアナログバウンダリモジュール (Analog Boundary Module：ABM) が

挿入され、LSIの外部から当該ピンの信号の観測、当該ピンへの信号の印加が可能です。

図3-27にABMの構成を示します。

アナログピン-アナログ回路間の信号の観測、信号の印加のために複数のスイッチが用いられています。当該信号線に対して、デジタルのHレベル (V_H)、Lレベル (V_L)、グランドレベル (V_G) の信号印加と与えられたしきい値電圧 (V_{TH}) との電圧レベル比較が可能なことに加え、アナログテストバス (AB1, AB2) との双方向の信号伝送が可能となっています（一般的には、テスト信号の印加にAB1が用いられ、信号の観測にAB2が用いられることが多い）。

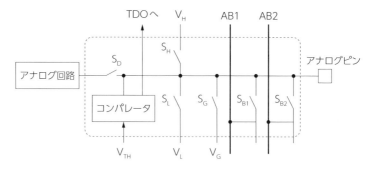

図3-27　アナログバウンダリモジュールの構成

図3-28にIEEE1149.4によるアナログバウンダリスキャンの構成を示します。

IEEE1149.4では、IEEE1149.1と同様にTCK、TMSM、TRST、TDIの各信号によってバウンダリモジュール内のスイッチのオン/オフなどの動作が設定され、複数のLSIを数珠つなぎにする場合に

はTDO出力を次のLSIのTDIに接続します。

テストバスインタフェース回路 (Test Bus Interface Circuit: TBIC) によって外部の計測器とABMのアナログピン信号とがアナログテストバスを介して接続することが可能となっており、ABM内のスイッチの状態に応じて電圧測定、電流測定、インピーダンス測定など様々なアナログテストを行うことができます。

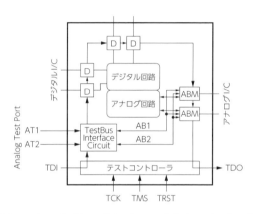

図3-28　アナログバウンダリスキャン (IEEE1149.4) の構成

3.3.2　RFデバイスのテスト

本節では、RFデバイスのテストの概要について学び、その後、コンスタレーション・プロットによる変調精度の評価、主要な通信方式と規格について紹介します。

(1) RFデバイスのテストの概要

　RFデバイスのテストには、機能面からのパフォーマンスパラメータでの評価項目とRF信号/ベースバンド信号のスペック評価の項目とに分けられます。

　前者に関しては、ビットエラー率 (Bit Error Rate：BER)、シンボルエラー率 (Symbol Error Rate：SER) などがあります。これらはベースバンドでの信号伝送時のエラー率を評価の指標としています。

　トランスミッタの評価では、トランスミッタの出力した信号をベクトル・シグナル・アナライザ (Vector Signal Analyzer：VSA) に入力することで評価を行い、レシーバの評価ではベクトル・シグナル・ジェネレータ (Vector Signal Generator：VSG) で発生したRF信号をレシーバに入力して変換されたベースバンド信号のエラー率によって評価を行います。これらの試験でエラーが発生する場合には、RF信号がスペックを満たしていないと考えられるため、トランスミッタ／レシーバのスペック試験による評価によってその原因を解析することができます。

　VSAでは様々な評価を行うことが可能です。後述するインタフェース・デバイスのテストにも用いるアイパターンを利用することで、信号の振幅エラーと位相エラーを観測することが可能です。インタフェース・デバイスでの評価と同様にマスク・テストを行うことも一般的です。

　また、周波数ドメインでの測定・解析も可能であり、送信信号のパワースペクトラムを測定することによって、占有帯域幅の評価を行うこともできます。

占有帯域幅は、送信信号のパワーのうち通常99％のパワーが収まる範囲の中心周波数を中心とした周波数として表すため、測定の際にはパワー比として測定されます。

現在一般に用いられているダイレクトコンバージョンによるデジタル変調を評価するためのコンスタレーション・プロットもVSAによって観測することが可能です。

コンスタレーション・プロットとは、デジタル変調において、同相信号（I）と直交信号（Q）のそれぞれの振幅をIQ平面状にプロットしたものであり、一定時間の信号伝送における測定点をプロットすることで、視覚的にRF信号の解析を行うことに利用できます。

図3-29にQPSK信号のコンスタレーション・プロットの例を示します。

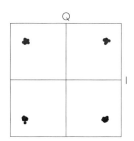

図3-29　QPSK信号のコンスタレーション・プロットの例

コンスタレーション・プロットでは、それぞれの変調方式の符号に対応する理想的なIQ平面上の位置の近辺に多数のプロットが表示されます。コンスタレーション・プロットでは、ゲインの揺らぎは原点からの距離のゆらぎになり、位相のゆらぎは原点を中心とし

た回転角のゆらぎとして視覚的に確認することができます。

したがって、IとQのゲインの不均一さや直交性の不均衡などを観測することができます。詳しくは次の項で説明します。

IQ平面上での変調精度評価の指標として、誤差ベクトル振幅 (Error Vector Magnitude：EVM) も用いられます。

図3-30に示すように、EVMは理想的な信号と測定信号とのIQ平面上の差である誤差ベクトルの絶対値と理想的な信号ベクトルの大きさとの比をパーセントで表記したものです。一般的に、EVMが大きくなるとBERも大きくなります。

VSAでは、誤差ベクトルの時間変化ならびにそれにFFTを施すことで、アイパターンやコンスタレーション・プロットでは見つけることのできない不具合を発見することも可能なため、近年では広く用いられています。

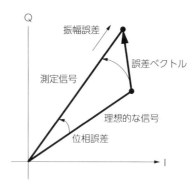

図3-30　誤差ベクトル振幅 (EVM)

(2) コンスタレーション・プロットによる変調精度の評価

本項ではコンスタレーション・プロットを用いた変調精度の評価について学びます。

前項で紹介したように、コンスタレーション・プロットはI、Qそれぞれの振幅の時系列での変化をIQ平面上にプロットしたものであり、デジタル変調の評価には頻繁に用いられます。

図3-31に様々な誤差要因を含んだ信号のコンスタレーション・プロットを示します。ここで、変調方式は16QAMを用いています。また、理想的な信号のIQ平面上での位置を「+」で表しています。

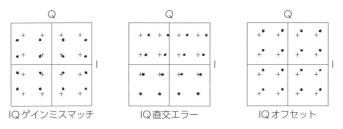

図3-31　様々な誤差を持つ16QAM信号のコンスタレーション・プロット

デジタル変調では、I、Qそれぞれの信号が重畳されており、トランスミッタ、レシーバの両者においてそれぞれが別々の経路を通過するため、IQゲインミスマッチが起こり得ます。

そのような場合には、IQ平面上ではそれぞれのプロットがIとQのそれぞれの軸方向に引き延ばされたり、縮まったりしますので全体の形状が正方形から長方形に変形してしまいます。

デジタル変調では、変調、復調のそれぞれに位相が90°ずれた発振信号を用いることで、同相成分と直交成分を持つ変調信号の生成や同相信号Iと直交信号Qへの復調を行います。

このときに、発振信号同士の位相が90°からずれてしまうことで、直交エラーが発生します。本来、互いに完全に直交であるべきI、Qが、直交性が劣化してしまうために発生するエラーです。

　レシーバのローカルな発振器の信号が入力してきたRF信号に乗ってしまうセルフミキシングなどによって、IQオフセットが発生してしまいます。多くのRFレシーバではIQオフセット校正の機能を有しています。

(3) 主要な通信方式と規格

　RFデバイスはインタフェース・デバイスとは異なり、信号を電磁波という形に変換して大気中を伝搬させるため、他の通信機器との干渉を避ける必要があり、また、世界中のデバイスで接続を実現するために規格として定められています。

　表3-1に主要な通信方式と規格を示します。

　それぞれの規格において、トランスミッタ、レシーバそれぞれが満たすべき特性やパラメータが明確に定められています。

　立ち上がり時間、立ち下がり時間、信号振幅、ジッタなどの送信信号の波形形状に関しては、アイパターンに対してマスク・テストを行うことが一般的です。

　他者との干渉に関しては、送信信号のパワースペクトラムを測定し、図3-32に示すような送信スペクトラム・マスクを用いることで、規格への適合を確認します。

表3-1 主要な通信方式と規格

	変調方式	周波数帯 (MHz)	最大伝送速度	規格
GSM	GMSK (0.3)	850/900/ 1800/1900	271 kbps	ETSI GSM
PHS	π/4 DQPSK	1900	384 kbps	RCR STD-28
EDGE	3π/8 8PSK	850/900/ 1800/1900	813 kbps	IMT-SC
CDMA	OQPSK	800	1.23 Mcps	IS-95
W-CDMA	QPSK/HPSK	850/900/ 1800/1900	3.84 Mcps	IMT-DS/3GPP UTRA-FDD
WiMAX	ODFMほか	2000 〜11000	74；8Mcps	IEEE 802.16- 2004
LTE	QPSKほか	700 〜2100	100 Mbps 以上	3GPP E-UTRA

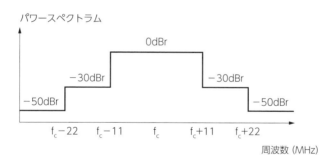

図3-32　802.11bの送信スペクトラム・マスク

　この図では、802.11bの送信スペクトラム・マスクの例を示していますが、メインローブの占有帯域幅だけでなく、サイドローブに対しても明確に基準が定められていることがわかります。送信スペクトラム・マスクは規格ごとにそれぞれ異なる形状として定めら

れています。

この他にも、最大送信電力、送信中心周波数の偏位である周波数安定度、占有周波数帯幅、比吸収率 (SAR) など様々な項目で規格として規定されています。

3.3.3　インタフェース・デバイスのテスト

(1) インタフェース・デバイスのテストの概略

この項では、近年のLSIにおいて、外部との高速信号伝送に用いられるインタフェース・デバイスの試験について学びます。

デジタル回路では構造テストを行うことでテストの効率化を図っていますが、インタフェース・デバイスでは高速な信号を送信、受信することが目的のため、実際に高速な信号伝送を行うのと同様の動作をさせて、デバイスが所望の機能を持っているか、あるいは、仕様に適合しているかどうかをテストすることになります。

本項では、まずインタフェース・デバイスのテストの概要を示し、その後、伝送路の測定としてTDR測定について紹介し、オシロスコープ、ベクトル・ネットワーク・アナライザ (Vector Network Analyzer：VNA) を用いた測定方法を示します。

図3-33に高速インタフェース・デバイスの概念図を示します。

まず、高速な信号を伝送するために送信する信号をトランスミッタで差動信号に変換します。伝送路を通して伝送された差動信号がレシーバで受信され、デジタル値に変換されます。

このときに、クロック信号をクロック・データ・リカバリ回路 (CDR) によってデータに重畳されたクロック信号を再生し、それを利用して受信したデータをデジタル化します。

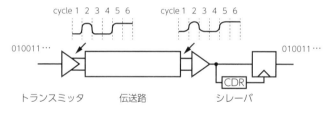

図3-33　高速インタフェース・デバイスの概念図

　図3-33に示したように、トランスミッタの出力信号と伝送路を通過してレシーバに到達する信号とでは、波形の形状が異なってきます。

　これは、伝送路がローパスフィルタの特性を持つために信号中の高い周波数成分が減衰することにより信号のスロープがゆるやかになること、信号の立ち上がり・立ち下がりのタイミングの揺らぎであるジッタの影響を受けること、などが挙げられます。

　したがって、レシーバ側で変換したデジタル値がトランスミッタ側で送信したデジタル値と異なることがあり、それをビットエラー（Bit Error）と呼びます。信号伝送の品質の尺度として、ビットエラー率（Bit Error Rate：BER）と呼びます。

　BERはレシーバの受け取った誤ったビット数を全受信ビット数で割ったものであり、一般的には10^{-10}などの非常に小さい値となります。

　図3-34にインタフェース・デバイスのファンクションテストの例を示します。

図3-34 インタフェース・デバイスのファンクションテスト

　トランスミッタのテストでは、テスト対象のデバイス (Device Under Test: DUT) から実際の動作時と同様に信号を送信させ、その信号波形をオシロスコープで観測することでテストを行います。このときに用いるオシロスコープの帯域は、観測する信号の周波数の5次までの高調波が含まれるように選択する必要があります。

　レシーバのテストでは、テストの目的のためにDUTをループバックモードとし、波形ジェネレータで生成した信号をDUTに送信し、それをトランスミッタのテストのときと同様に外部に送信して観測することでテストを行います。このときに、DUTに送信する信号にジッタやノイズを加えることで、それらに対する耐性の試験を行うこともできます。

　実際のテストにおいては、インタフェースごとに使用するデータ系列 (PRBS、QRSSなど) が指定されていることがあり、それぞれに応じたテスト信号系列を使用する必要があります。また、BERの測定に適した機能を有するBERT (Bit Error Rate Tester) という計測器が用いられることもあります。

(2) アイパターンによるインタフェース・デバイスのテスト

先に述べたように、信号が伝送路を経由することで信号波形の形状が変化し、その変化の度合いに応じてBERが大きく変化します。これを表すためにアイパターンが広く利用されています。

図3-33の伝送信号について、それを1サイクルごとに重ね合わせて表示することで、図3-35のようなアイパターンを表示することができます。

トランスミッタ出力のアイパターンでは論理"1"と論理"0"が明確に分かれていますが、これは信号のエッジがシャープであり、また、信号のエッジのタイミングの揺らぎであるジッタが比較的小さいためです。これをアイが開いているといいます。

一方で、伝送路の出力側では高周波成分が減衰し、エッジがなだらかになり、また、CDRで再生されたクロックとデータ間のジッタも存在するなどの理由で、アイが閉じてきて、論理"1"と論理"0"の判定を誤る可能性が高まってきます。

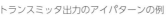

トランスミッタ出力のアイパターンの例　　伝送路出力のアイパターンの例

図3-35　伝送された信号のアイパターンの例

図3-36にアイパターンを用いたテストにおけるテスト項目の例を示します。

アイパターンでは、信号周期、信号の振幅レベル、立ち上がり／立ち下がり時間、振幅ばらつき（オーバーシュート、リンギングな

171

ど)、ジッタなどを評価することができます。

　また、アイパターンを用いたテストの際には、マスク・テストという手法を用いることがあります。

　マスク・テストとは、アイパターンが規定の範囲内に存在しているかどうかを評価するテストであり、アイパターンがマスクの領域を通過することで "Fail" と判定する手法です。信号の規格、伝送路の送信側、受信側などで適切な形状のマスクを使用する必要があります。

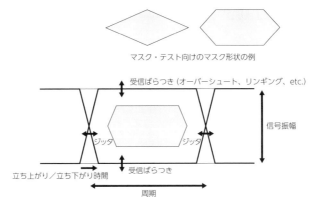

図3-36　アイパターンによるテスト項目の例

　伝送信号のアイパターンを改善するために、プリエンファシス、デエンファシスという伝送信号の波形を整形して伝送路での信号の減衰を低減する手法があります。図3-37にプリエンファシスとデエンファシスの概念を示します。

　先に述べたように、伝送路は信号に対してローパスフィルタとして作用するため、信号の立ち上がり (0→1)、立ち下がり (1→0)

で信号遷移の遅れが生じるため、信号レベルの低下やアイが閉じる原因となります。

プリエンファシスではトランスミッタで送信する信号の遷移時に遷移後の信号レベルを意図的に大きくすることで、デエンファシスでは同じ論理信号が連続する際に信号レベルを意図的に小さくすることでレシーバに届く信号の特性を改善し、アイがより開いた状態にすることができます。

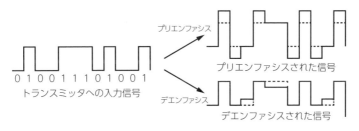

図3-37　プリエンファシスとデエンファシス

(3) TDR (Time Domain Reflectometry) 測定

高速インタフェースによるデータ伝送では、信号伝送路のインピーダンスが信号の伝送に大きく影響を与えます。各種のインタフェース規格においては伝送路の特性インピーダンスについても仕様に規定されており、これを測定することも重要です。

ここでは、特性インピーダンスを測定するためにTDR (Time Domain Reflectometry) 測定について説明します。

TDR測定は図3-38のように、ステップ信号生成器とオシロスコープを用いて、2つのインピーダンスZ_0, Z_Lにステップ信号を印加してその入射波形とインピーダンスの不整合点 (ここでは、Z_0の

終端)での反射波形の合成された波形を観測します。

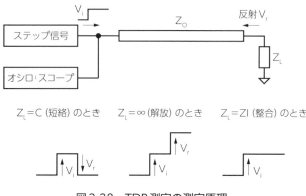

図3-38　TDR測定の測定原理

ここで、反射係数ρを以下のように定義します。

$$\rho = \frac{V_r}{V_i} = \frac{Z_L - Z_0}{Z_L + Z_0} \quad (3.9式)$$

負荷抵抗$Z_L = 0$、すなわち短絡のときには$\rho = -1$、負荷抵抗$Z_L = \infty$、すなわち開放のときには$\rho = 1$、負荷抵抗$Z_L = Z_0$、すなわちインピーダンスが整合しているときには$\rho = 0$となります。

反射波は伝送線路を往復する時間を経て入射端に反射してくるため、ステップ信号を入射してから一定時間後に再度波形が変化することを確認できます。

一方、上式は以下のように変形できることから、オシロスコープでV_iとV_rを観測して反射係数ρを求めることで、Z_0とZ_Lの関係を求めることができるため、Z_0が既知の値であればZ_Lを求めることができます。

$$Z_0 = \frac{1-\rho}{1+\rho} Z_L \qquad (3.10式)$$

また、ベクトル・ネットワーク・アナライザ (Vector Network Analyzer：VNA) を用いて反射係数を求めることもできます。

VNAは測定対象に周波数を掃引しながら正弦波信号を印加して信号を観測します。その結果を逆フーリエ変換、積分などの操作をすることで、Sパラメータを測定する計測器です。Sパラメータのうち、S_{11}が反射係数となります。

オシロスコープでのTDR測定が時間ドメインでの測定であり、直感的に理解しやすいのに対して、VNAを用いた測定ではオシロスコープと比較して短時間で測定可能という特徴があります。

3.3.4　イメージャデバイスのテスト

イメージャデバイスは、デジタルカメラ / デジタルビデオカメラのみならず、携帯電話やモバイル端末にも標準装備されることが多くなってきています。本節では、イメージャデバイスのテストについてその概要を学びます。

イメージャの試験項目としては、光電変換素子であるフォトダイオードの特性試験 (S/N比など)、ピクセルデータの読み出し回路の試験、A/D変換器の試験などが行われます。

A/D変換器の試験では、後述するように線形性などの観点からテストされますが、デジタルカメラ用のイメージャには数千個のA/D変換器が搭載されており、いかに効率的に試験を行うかが重要となっています。

175

イメージャの試験には、画素の試験のために光源装置が利用されます。そのような光源装置は、イメージャ試験に特化しており、光の強度のダイナミックレンジが非常に広い光をイメージャチップ表面に照射することができ、また、照射する光の色も可変となっています。

　イメージャの試験向けのATE装置についても、通常のSoCテスタの機能に加えて、多数個同時測定可能、画素データ高速読み出し（シリアルインタフェース）、画質欠陥検出アルゴリズムを備えたコントローラ、などを備えており、試験時間の短縮を目指した装置となっています。

　イメージャのテスト項目として、点欠陥、線欠陥、シミ、ムラなどの画質の欠陥のテスト、フォトダイオードの特性テスト、読み出し回路のテスト、A/D変換器のテストなどがあります。いずれも多数の素子のテストを短時間で行うため、テスト時に取得したデータをソフトウェアによる効率的なアルゴリズムで解析、欠陥検出を行っています。また、他のLSIと同様にまずウェーハレベルでのテストを行い、パッケージ後にパッケージ品としてのテストを行います。

　イメージャデバイスのテスト装置は前述した光源装置と組み合わせて、通常のSoCテスタをイメージャデバイス向けにカスタマイズしたものが主流です。通常のSoCテスタと比較して、多数デバイスの同時測定を可能とし、また、デバイスとの高速なデータ転送、高解像度デバイスの画像処理に対応する高性能プロセッサなどが搭載されています。

　今後、さらなる小型化のために、画像処理チップに積層されて2.5D/3Dデバイス化されることが予想されます。そのようなデバ

イスの試験には、前述の2.5Ｄ/3Ｄデバイスの試験と同様な技術も必要とされますので、より一層イメージャのテストの重要性が増加すると考えられます。

3.3.5 A/D, D/A変換デバイスのテスト

本項ではA/D, D/A変換デバイスのテストについて学びます。

A/D, D/A変換デバイスでは、テスト対象の特性としてDC特性とAC特性に分けることができます。

DC特性では、例えばA/D変換であれば入力電圧から出力コードへの伝達特性における、ゲイン、オフセット、単調性、線形性などについてのテストを行います。

AC特性では、信号とノイズの比、信号のひずみ、有効ビット数などの項目についてのテストを行います。以下では、それぞれの特性についてのテストを行うための方法と特にA/D変換デバイスについてのテスト項目について紹介をします。

(1) DC特性のテスト

A/D, D/A変換デバイスのDC特性のテストでは、基本的に入力と出力との伝達特性を理想特性と比較することによってテストを行います。最も単純な方法として、測定器によってA/D変換器の入出力の伝達特性を測定する方法を図3-39に示します。

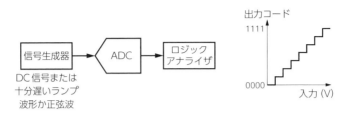

図3-39　A/D変換器のDC特性のテスト

　この方法では、A/D変換器に電圧レベルを設定可能な直流信号、あるいは十分に遅いランプ信号か正弦波信号を加え、それに対するA/D変換器の出力コードをロジックアナライザで取り込み、伝達特性として表示します。テスト項目については、のちほど説明します。
　この手法では、伝達特性を直感的に取得できる利点がありますが、一方でテスト時間が長くなるという欠点があります。
　図3-40にヒストグラム法によるA/D変換器のDC特性を動的にテストする方法を示します。

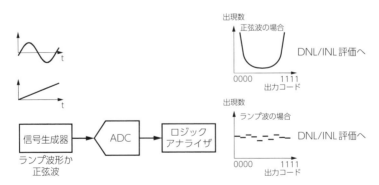

図3-40　ヒストグラム法によるA/D変換器のDC特性のテスト

ヒストグラム法では入力にフルスケールのランプ波形または正弦波を印加します。A/D変換器の出力をロジックアナライザで取得し、それぞれのコードの出力回数をそのコードのビンに記録していきます。十分に多くのサンプルをとることで図に示したようなヒストグラムを作成することができます。

　ランプ波形を印加した場合には、理想的には各出力コードの発生頻度が均一となり、フラットなヒストグラムが得られます。

　一方、正弦波を印加した場合には、中央部の頻度が少なく、両端の頻度が多いヒストグラムが得られます。各ビンについて、理想的な分布からのずれから微分非直線性(DNL)を求められ、また、それを積算することで積分非直線性(INL)を求めることができます。

　また、ヒストグラムで発生頻度が0のビンがあれば、それに対応するコードがミッシングコードであることがわかります。

　多くの場合、ヒストグラム法では正弦波が用いられます。正弦波ではヒストグラムが平坦でないため、特に中央付近の発生頻度が少なくなりますが、信号生成器とバンドパスフィルタを用いることで容易に良質な正弦波を入力することが可能だからです。

　一方、ランプ信号を用いた測定では、良質なランプ波形を生成することが一般的には困難なため、精度の高いテストを行うことも難しくなります。

(2) AC特性のテスト

　A/D, D/A変換デバイスのAC特性のテストでは、基本的に定格周波数の正弦波信号を入力してFFT法を用いてテストを行います。

　図3-41にコヒーレントサンプリングとインコヒーレントサンプリングによるA/D変換器のFFTテストの方法を示します。

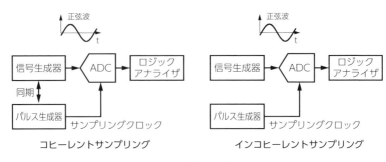

図3-41　コヒーレントサンプリングと
　　　　インコヒーレントサンプリングによるFFTテスト

　このテスト手法では、サンプリングによって得られたデータを高速フーリエ変換（FFT）によってA/D変換器の周波数特性に変換した上で、各特性についての評価を行います。

　コヒーレントサンプリングでは、入力信号の周波数をf_{in}、サンプリング周波数をf_s、取得するA/D変換器出力データ数をN（Nは2のべき乗）とすると、以下の式を満たす奇数M（すなわちNとMは互いに素）が存在するようにf_{in}, f_s, Nを決定する必要があります。これにより、データ長が有限であったとしてもそれが繰り返し連続する信号としてFFTを行うことができます。

$$f_{in}/f_s = M/N \qquad (3.11式)$$

　一方でインコヒーレントサンプリングでは、信号とサンプリングクロックが完全に非同期となるため、有限長のデータを繰り返しと考えると不連続になってしまいます。したがって、ハニング関数などの窓関数を用いることでサイドローブの影響を小さくすることが一般的です。AC特性のテスト項目については、のちほど説明します。

SoC内のA/D, D/A変換デバイスのテストには、A/D変換デバイスのテスト入力生成にD/A変換デバイスを利用したり、逆にD/A変換デバイスのテスト入力生成にA/D変換デバイスを利用したりする手法も用いられます。

また、通信用ADC等の狭帯域高周波のデバイスのテスト入力には、単一正弦波ではなく、f_1, f_2という2つの周波数の正弦波を重ね合わせたツートーン信号が用いられます。3次相互変調歪である$2f_1 - f_2$, $2f_2 - f_1$という周波数成分が信号帯域に入ってくるため、その成分で線形性の評価を行うことができます。

(3) A/D, D/A変換デバイスのテスト項目

A/D変換器のテスト項目についてDC特性とAC特性についてそれぞれを説明します。

DC特性については、代表的な試験項目として以下のような項目が挙げられます。図3-42にそれらを説明する図を示します。

・微分非直線性(DNL)、積分非直線性(INL)

図3-42において、理想的な入出力における隣接出力コード間の入力電圧の差を1LSBとします。理想的な特性ではすべての隣接する出力コード間で同じ値となっています。

また、最初のコード遷移と最後のコード遷移間との入力電圧の差をフルスケール(FS)とします。それぞれの出力コードを出力する入力電圧範囲から1LSBを引いたものを微分非直線性(DNL)とします。理想的な特性では常にDNLは0になります。入力電圧の低い方からDNLを積算していったものを積分非直線性(INL)とします。したがって、INLは出力コードの各遷移点での入力電圧の理想

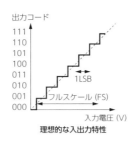
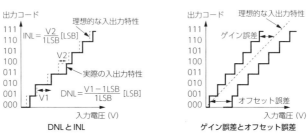

図3-42　A/D変換器のDC特性のテスト

特性からのずれを表します。DNL、INLの評価では、全出力コードにわたってDNL、INLを縦軸にしてグラフとして視覚的に表示する方法と全出力コード内の最大値としてDNL, INLを表す方法があります。いずれも単位はLSBで表します。

・フルスケール誤差、オフセット誤差、ゲイン誤差

フルスケールの大きさの理想特性からの偏位をフルスケール誤差、最初の出力コード遷移に相当する入力電圧の理想特性からの偏位をオフセット誤差、最後の出力コード遷移に相当する入力電圧の理想特性からの偏位をゲイン誤差と呼びます。

ゲイン誤差はオフセット誤差を補正した状態で求めます。

・ミッシングコード、単調性

　DNLが±1LSB以上の場合には、ミッシングコードが存在する可能性があります。ミッシングコードとは、入力電圧の全範囲にわたって電圧を掃引した場合であっても出力されないコードが存在するようなエラーです。また、同様に入力電圧を掃引したときに、出力コードがいったん増加した後で減少し、また増加するというように単調性を失うエラーもあります。

　これらのテストの多くは先述したDC入力によって伝達特性を測定する方法、ヒストグラム法などでテストをすることが可能ですが、単調性についてはヒストグラム法で検出することができません。ヒストグラム法では出力コードの出現順序を考慮せずにそれぞれのビンに出現回数のみを記録するためです。

　AC特性については、代表的な試験項目として以下のような項目が挙げられます。AC特性のテストは一般的にFFT法にて行います。

・信号対ノイズ比 (S/N比、Signal-to-Noise Ratio：SNR)

　信号のパワーと高調波、DCを除いたパワーとの比として求めます。一般的にデシベルで表します。

・全高調波ひずみ率 (Total Harmonic Distortion：THD)

　高調波 (一般的には6次まで) のパワーと信号のパワーとの比をデシベルで表します。

・信号ノイズひずみ (SINAD)

　信号のパワーとノイズ＋ひずみのパワーとの比をデシベルで表します。SNRとの違いはノイズに加えてひずみとして高調波を加える点であり、SINADはSNRより小さな値となります。

・有効ビット数 (Effective Number of Bits：ENOB)

　ENOBは以下の式で求めることができます。これは量子化誤差のみを持つADCのSNRを求める式を利用しています。

$$ENOB = \frac{SINAD - 1.76}{6.02} \qquad (3.12式)$$

・スプリアス・フリー・ダイナミック・レンジ
（Spurious Free Dynamic Range：SFDR）

　図3-43にSFDRを説明する図を示します。信号のパワーとスプリアスのピークとの比をデシベルで表します。多くの場合、ピークとなるのは信号の高調波成分となります。

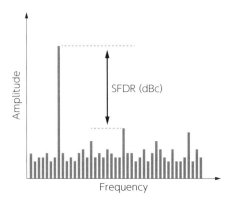

図3-43　FFT法によるA/D変換器のAC特性のテスト

コラム

Column

アナログ構造テスト

　アナログ構造テストは、デジタル回路と同じように、アナログ回路に対しても故障モデルに基づいてテストしようという考え方です。アイデアとしては古くから提案されていますが、現場では仕様に基づく機能テストが主流で、ほとんど用いられていませんでした。しかし、ここ数年、車載用ICに対する高品質テストの要求とともに、アナログ回路での不良見逃しが目立つようになったことから、急速に注目が高まってきています。

　アナログ故障シミュレーションの省力化やアナログ回路の故障モデルの設定方法などの技術課題とともに、ツールの整備などの実用上の課題もありますが、今後とも注目される技術です。

初出：日経 xTECH　連載「パワーデバイスを安心・安全に使う勘所」、先端テスト技術に触れる（第2回）：アナログ構造テスト　2017年2月掲載を改訂

3.4 故障診断と故障解析について

3.4.1 故障診断と故障解析

　デバイスが不良品となった場合に、それがどのような欠陥によるものかを解析することが必要な場合があります。また、デバイスのテストで不良品を見逃してシステムのテストで見つかった場合や、システムが出荷されてからデバイスの不良が分かった場合には、テストで見逃した理由を明らかにする必要があります。

　このような場合に、デバイスの不良の原因を明らかにするのが故障解析で、その中でも、テストや再テストの結果に基づいてソフトウェアにより不良原因の候補を推定するのが故障診断です。この故障診断の結果に基づいて、解析装置を用いた物理解析により、欠陥の位置やその発生原因を特定します（図3-44）。プロセスの微細化に伴って物理解析の難易度が高まっており、故障診断での候補の絞り込みが故障解析を成功させる上で重要となっています。

　故障診断の方法には、大きく分けて原因結果法と結果原因法の2つがあります。原因結果法では、故障を挿入してシミュレーションし、その結果と実デバイスの出力を比較して、よく一致する故障を

図3-44　故障解析の流れ

候補とします。一方、結果原因法では、テスト時のフェール (誤り) 結果情報を基にして、不一致となった出力から故障伝搬経路をさかのぼることにより、不一致の原因となる故障を候補とします。

　故障診断は、様々な用途に使用されます。主な用途としては、先に述べた個々の不良品の解析のほかに、多数の不良品を診断してプロセス起因の問題点を指摘する量産診断があります。量産診断により、頻繁に発生する不良の原因を解明することで、歩留まり向上に貢献することが期待されています。また、実際に製造したデバイスの動作が設計と合わない場合のデバッグ (ポストシリコンデバッグ) にも使用されています。プロセスの微細化に伴ってデバイス動作の不確実性が増大していることから、問題点の究明に故障診断を利用することも期待されています。

　このように故障診断の利用範囲は広がっていますが、同時に様々な課題も顕在化しています。その1つに、多様な故障モデルへの対応があります。初期の故障診断では主として単一縮退故障を対象にしていましたが、オープン／ブリッジ故障、遅延故障、多重故障などへの対応も進められてきました。一方、回路規模の増大に伴って、故障診断でいかに候補を絞り込むかも重要になっています。これに対しては、様々な故障診断手法の改良が考えられており、例えば、多重故障に対して、各テストベクトルが単一の故障しか検出しないという仮定の下で診断を行う SLAT (Single Location at-a-Time) などが考えられています。また、故障診断への機械学習の利用も進められています。

　以下では、故障診断の評価指標について説明したのち、主な故障診断手法として、原因結果法でよく用いられる故障辞書法と結果原因法でよく用いられる経路追跡法について詳しく説明します。

(1) 故障診断の評価指標について

故障診断では、実際の不良の原因となっている可能性のある故障の集合（被疑故障集合）を求めます。しかし、被疑故障が多すぎると、すべての被疑故障を物理解析の対象とするのが困難になります。また、場合によっては、本当の不良の原因である故障が被疑故障集合に含まれない場合もあります。そこで、故障診断結果の妥当性を評価する指標として、診断分解能と的中率がよく用いられています。

診断分解能は、被疑故障がどの程度まで絞り込まれたかを示す指標です。このため、診断分解能は被疑故障数に依存し、被疑故障数が多くなると診断分解能は低下します。診断分解能が低いと物理解析が成功する可能性が低下しますので、被疑故障数はなるべく少なくする必要があります。一方、的中率は、被疑故障集合に不良の原因となる故障が含まれている確率を表す指標です。的中率が低いと物理解析が徒労に終わる可能性が高まるため、的中率を高くする必要があります。的中率は被疑故障数が多いほど高くなりますが、これは診断分解能の低下につながりますので、被疑故障数を増やさないで的中率を上げることが重要となります。なお、不良原因の故障が複数存在する場合もありますが、その場合はそのうちの1つでも被疑故障集合に含まれていれば的中と考えるのが一般的です。

診断分解能を向上させるための手法としては、的中していない被疑故障を被疑故障集合から排除するのが効果的です。そのためにはテストパターンを追加するのが一般的ですので、その方法について説明します。例えば、実際の不良の原因となる故障f1とそうでない故障f2について、各テストパターンで検出されるかどうかが表3-2の「現状のテストパターン」の欄に示したようにすべて一致し

ているとします。このような場合、f1とf2がともに被疑故障集合に含まれてしまいます。ここで、f1のみを検出する新たなテストパターンT5を追加します。すると、表の「追加テストパターン」の欄のようになるため、f2を被疑故障集合から排除できるようになり、その結果診断分解能が向上します。

表3-2 テストパターン追加による診断分解能向上の例

故障	現状のテストパターン				追加テストパターン
	T1	T2	T3	T4	T5
f1	検出	未検出	未検出	検出	検出
f2	検出	未検出	未検出	検出	未検出

　一方、的中率については、考慮対象とする故障モデルが実際の不良の原因となる故障に対応しているか否かが重要となります。実際の故障が考慮している故障モデルに含まれない場合、モデル化した故障に対する検出結果が実際の不良デバイスのテスト結果と完全に一致しないことがあります。その場合、故障診断の結果としてはできるだけ多くの結果が一致している故障を被疑故障とすることになります。このため、的中率を向上させる方法としては、対象とする故障モデルを拡張する方法や故障モデルを考慮しない故障診断手法などが考えられています。なお、不一致の状況としては、一般的に、検出すべきテストパターンでパスする場合と検出しないはずのテストパターンでフェールする場合のどちらの可能性もあります。したがって、不一致の傾向を見て被疑故障とすべきかどうかを判断することは困難です。

(2) 故障辞書法

　故障辞書法は原因結果法としてよく用いられる故障診断手法です。この手法を用いるためには、事前に故障シミュレーションを行って故障辞書 (各テストパターンに対してどの故障が検出されるかをリストアップしたもの) を用意する必要があります。故障辞書法による故障診断の流れを図3-45に示します。

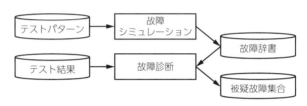

図3-45　故障辞書法による故障診断の流れ

　このフローからも分かるように、故障辞書法では故障モデルを決めて故障シミュレーションを行う必要があります。また、被疑故障集合に含まれる故障は、故障シミュレーションで用いた故障モデルに限られます。

　以下に、単一縮退故障を仮定した場合の故障辞書の作成例を示します。図3-46に示した簡単な回路に対して、信号線x1、x2、x3、s1のそれぞれに0縮退故障および1縮退故障を仮定します。そして、テストパターンとして、T1 (x1 = 1、x2 = 0、x3 = 0)、T2 (x1 = 1、x2 = 0、x3 = 1)、T3 (x1 = 0、x2 = 1、x3 = 0) を入力した場合を考えます。このとき、故障辞書は表3-3のようになります (検出のみ表示)。この表のように、故障辞書ではどの故障がどのテストパターンで検出されたかを一覧表の形で持ちます。故障

診断では、実際のテスト結果とこの表を比較して、どの故障を被疑故障とするかを決定します。例えば、この例で実際の故障がT2のみで検出されたとすると、被疑故障はx3の0縮退故障になりますし、T3のみで検出されたとすると、被疑故障はx2の1縮退故障になります。

上記の例では故障数もテストパターン数も少ないですが、実際の大規模回路では故障数も回路規模に比例して増大し、テストパターン数もそれに伴って増大します。その結果、全故障を対象として全テストパターンに対する故障辞書を作成することは非現実的となります。そのため、経路追跡法と組み合わせることにより、故障辞書に登録する故障数を削減する方法や、実際のデバイスでフェールしたテストパターンのみを用いる方法によって、故障数やテストパターン数を削減する方法も利用されています。

表3-3 故障辞書の例

故障	テストパターン		
	T1	T2	T3
x1/0			
x1/1			検出
x2/0			
x2/1	検出		
x3/0		検出	
x3/1	検出		検出
s1/0			
s1/1	検出		検出

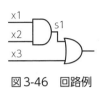

図3-46 回路例

(3) 経路追跡法

一方、結果原因法でよく用いられる手法が経路追跡（クリティカルパストレース）法です。この手法では、フェールしたテストパターンにおいて不一致となったデバイスの出力点から故障の伝搬する経路を入力側にさかのぼる方法をとります。このため、故障辞書法と異なって、故障モデルの仮定や故障辞書の作成が必要でないという利点があります。ただし、その一方で、回路規模の増大に伴って被疑故障数が増大するという欠点があります。

経路追跡法による故障診断について、図3-47の例により説明します。経路追跡法では、実際のデバイスにおいて、あるテストパターンで期待値と不一致となった出力点から故障の影響が伝搬する可能性のある経路を入力方向にたどっていきます。この操作を後方追跡と呼びます。例えば、2入力ANDゲートの場合、そのテストパターンでの出力値が1の場合、どちらの入力も値が1ですので、その入力からの故障の影響が伝搬する可能性があります。そのため、後方追跡では両方の入力が後方追跡の対象となります。一方、出力値が0の場合にどちらかの入力の値が1の場合、その入力から

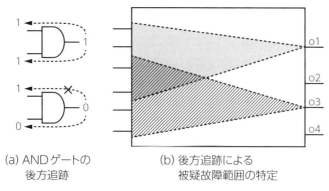

(a) ANDゲートの後方追跡　　(b) 後方追跡による被疑故障範囲の特定

図3-47　経路追跡法による故障診断

の故障の影響は伝搬しないので、その入力は後方追跡の対象となりません。このようにして、期待値不一致のある出力点からの後方追跡により被疑故障の範囲を特定します。特に、同一のテストパターンで複数の出力で不一致が発生した場合は、そのすべての出力から後方追跡で求めた被疑故障の範囲の共通部分を求めることで被疑故障の範囲を限定することができます。

　なお、多重故障を考慮した場合は、必ずしもこの限定法は使用できませんが、先に述べたSLATを用いれば同様の限定が可能となります。

コラム　　　　　　　　　　　　　　　　　　　　　　　　Column

故障診断の自動化

　故障診断に関しては、2000年頃に半導体メーカー各社が自社製の自動化ツールを開発していましたが、その命名には各社工夫を凝らしています。「POIROT（ポアロ）」や「COLUMBO（コロンボ）」は、皆さんご存じの名探偵の苗字をそのまま借用したものです。

　それでは問題です。次に挙げる故障診断ツールの名前を完成してください。「KO**RO（小○郎）」。年配の方なら答えはすぐにわかりますね。もちろん、巌流島の佐々木小次郎ではなく、少年探偵団の明智小五郎の名前である「KOGORO」が正解です。若い方には、名探偵コナンの毛利小五郎の名前といったほうがよいかもしれませんが、名探偵かというと少し違いそうですね。

初出：日経 xTECH　連載「パワーデバイスを安心・安全に使う勘所」、テスト豆知識（その5）2016年4月掲載を改訂

参考文献 Bibliography

■第3章
- [1] 社団法人日本半導体製造装置協会,「平成15年度 半導体製造装置ロードマップに関する調査研究報告書」.
- [2] International Technology Roadmap for Semiconductors 2009 Edition (国際半導体技術 ロードマップ 2009年版).
- [3] 半導体技術ロードマップ専門委員会,「平成19年度報告」.
- [4] LSIテスティング学会編,『テスティングハンドブック』, オーム社.
- [5] 大山英典, 中村正和, 葉山清輝, 江口啓,『MOS集積回路の設計・製造と信頼性技術』, 森北出版.
- [6] 菊地正典,『半導体製造装置』, 日本実業出版.
- [7] 「システムLSIのできるまで」編集委員会,『よくわかるシステムLSIのできるまで』, 日刊工業新聞社.
- [8] 米田友洋, 梶原誠司, 土屋達弘,『ディペンダブルシステム』, 共立出版, 2005年.
- [9] D. Gizopoulos, *Advances in Electronic Testing*, Springer, 2006.
- [10] 浅田邦博監修,『はかる×わかる半導体 入門編』, 日経BPコンサルティング, 2013年.
- [11] B. Noia and K. Chakrabarty, *Design-for-Test and Test Optimiztion Techniques for TSV-based 3D Stacked ICs*, Springer, 2014.
- [12] ウエスト＆ハリス, 宇佐美公良, 池田誠, 小林和淑監訳,『CMOS VLSI回路設計応用編』, 丸善出版, 2014年.
- [13] 新日本無線, 2回路入り 入出力フルスイングオペアンプ NJM2732 データシート.
- [14] 日経XTECH, 改訂版EDA用語辞典 故障診断, https：//tech.nikkeibp.co.jp/dm/article/WORD/20090107/163746/

半導体を
応用する

Chapter: 4
Application

4.1　デバイスのスペックを読み解く
4.2　デバイスを使用する
4.3　デバイスを実装する

4.1 デバイスのスペックを読み解く

4.1.1 半導体デバイスの特性と仕様

　半導体デバイスを構成要素としてシステムを設計する際、候補となるデバイスの特性を十分理解し、最も適切なデバイスを選択することが重要です。半導体デバイスの特性・仕様は、一般にデータシート（スペックシート）として示されています。データシートに示されている特性には主に次のようなものがあります。

(1) 絶対最大定格
　デバイスの信頼性や寿命を保つために、瞬時たりとも超過してはならない限界値を指します。各項目に示す値は独立しており、どの2つの項目も同時に達してはならないことを示しています。例えば、ルネサスエレクトロニクス社のロジックIC HD74HC00 は、そのデータシート にある絶対最大定格の表（表4-1 (a)）から、電源電圧を－0.5V以上7V以下として使用する必要があることがわかります。

(2) 推奨動作条件
　デバイスの持つ動作特性を十分に発揮させるための条件を示しています。「推奨」とありますが、正常動作（データシートに示された性能）を保証する範囲を示すものですので、原則としてここに示された範囲で使用する必要があります。

ロジックIC HD74HC00 のデータシートを見ると、絶対最大定格とあわせて推奨動作条件が示されています（表4-1 (b)）。例えば、電源電圧は絶対最大定格が－0.5～7Vであるのに対して、推奨動作条件は2～6Vとなっており、より厳しい条件が示されていることがわかります。

表 4-1　HD74HC00　絶対最大定格と推奨動作条件

(a) 絶対最大定格

項目	記号	定格値	単位
電源電圧	V_{CC}	－0.5～＋7	V
入出力電圧	Vin, Vout	－0.5～V_{CC}＋0.5	V
入出力ダイオード電流	I_{IK}, I_{OK}	±20	mA
出力電流	IO	±25	mA
V_{CC}, GND 電流	I_{CC}, I_{GND}	±50	mA
許容損失	P_T	500	mW
保存温度	Tstg	－65～＋150	℃

(b) 推奨動作条件

項目	記号	定格値	単位	条件
電源電圧	V_{CC}	2～6	V	
入出力電圧	Vin, Vout	0～VCC	V	
動作温度	Ta	－40～＋85	℃	
入力立ち上がり／立ち下がり時間	t_r, t_f	0～1000	ns	V_{CC}＝2.0 V
		0～500		V_{CC}＝4.5 V
		0～400		V_{CC}＝6.0 V

（データシートより抜粋）

(3) 安全動作領域 (SOA)

　バイポーラトランジスタや MOSFET などは、使用時の電圧や電流が前に述べた絶対最大定格を超えない範囲で使用するのはもちろんですが、その特性上、瞬間的に大きな電流が流れたり、自身の発熱で温度が上昇したりするため、複数の条件を考慮して使用する必要があります。そのため、トランジスタのデータシートには多くの場合、安全に動作する領域を示す電圧・電流の範囲が示されています。これを安全動作領域 (SOA：Safety Operating Area) といいます。

　SOA は一般に両対数グラフで表されます。ここでは例として、ローム社のパワー MOSFET R6004KNX の SOA を図 4-1 に示します。横軸はドレイン・ソース間の電圧 V_{DS} を、縦軸はドレイン電流 I_D を表します。SOA の領域は、次の 5 つの要素によって決まります。

① ドレイン・ソース間電圧の絶対最大定格
② ドレイン電流 (パルス) の絶対最大定格
③ オン抵抗
④ 定格電力
⑤ 2 次降伏相当

　ここで、④の定格電力で決まる領域は熱制限領域とも呼ばれます。また、2 次降伏とは、ドレイン・ソース間電圧 V_{DS} を上げていくとある時点で急に低インピーダンスとなりドレイン電流 I_D が増加する現象のことをいいます。なお、2 次降伏は、かつてはバイポーラトランジスタのみ考えられていましたが、MOSFET でもそ

の微細化のために2次降伏が生じる電圧が低下し、SOAに影響を与えるようになりました。それをここでは2次降伏相当と示しています。

このSOAは周囲温度に関する条件としてTa＝25℃のときのものを示していますが、より高い周囲温度での使用や、トランジスタ自体の発熱による温度上昇によってSOAは狭くなります。高温での使用を考慮したSOAを求めることをディレーティングといいます。

また、図4-1は、単発のパルス電流（パルス幅 P_W ＝ 100μs, 1ms）の場合を示していますが、パルス電流の幅がさらに大きくなると、あるいは連続するパルス電流になる場合もSOAは狭くなります。

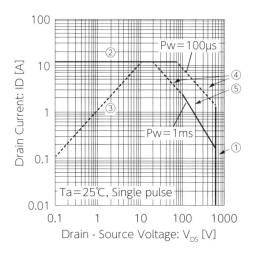

図4-1　パワーMOSFET R6004KNX　安全動作領域（SOA）
　　　（データシートをもとに作成）

(4) DC特性

電気的特性は、半導体デバイスを使用するときに基本となるものです。特に、電圧や電流などの値が安定しているときの特性をDC特性といいます。DC電気的特性、または静的特性ということもあります。

表4-2は、ルネサスエレクトロニクス社のロジックICの1つであるHD74HC00のデータシートで示されているDC特性です。

V_{IH}：High（論理値1）とみなされる入力電圧の値
V_{IL}：Low（論理値0）とみなされる入力電圧の値
V_{OH}：Highとして出力される電圧の値
V_{OL}：Lowとして出力される電圧の値

これらの値は、項目によって最小値（Min）なのか最大値（Max）なのか、あるいは標準的なもの（Typ）なのかが示されています。また、電源電圧V_{CC}の値が複数通り示されており、V_{CC}の違いによって特性が変化することがわかります。このとき、これらの値がどのような条件で測定されたものなのかにも注意をする必要があります。さらに、周囲の温度Taによっても特性が異なるので、デバイスの利用環境を想定し、それに合った電源電圧や入力電圧・電流を設定する必要があります。

例として、電源電圧を4.5Vとして設計するときを考えます。このとき、Highを表す入力電圧は少なくとも3.15Vとなるように、また、Lowを表す入力電圧は最大で1.35Vとなるように設計する必要があることがわかります。

表 4-2　HD74HC00　DC 特性

項目	記号	V_{CC} (V)	Ta=25°C			Ta=−40 ~+85°C		単位	測定条件	
			Min	Typ	Max	Min	Max			
入力電圧	V_{IH}	2.0	1.5	—	—	1.5	—	V		
		4.5	3.15	—	—	3.15	—			
		6.0	4.2	—	—	4.2	—			
	V_{IL}	2.0	—	—	0.5	—	0.5	V		
		4.5	—	—	1.35	—	1.35			
		6.0	—	—	1.8	—	1.8			
出力電圧	V_{OH}	2.0	1.9	2.0	—	1.9	—	V	$V_{in}=V_{IH}$ or V_{IL}	$I_{OH}=-20\mu A$
		4.5	4.4	4.5	—	4.4	—			
		6.0	5.9	6.0	—	5.9	—			
		4.5	4.18	—	—	4.13	—			$I_{OH}=-4mA$
		6.0	5.68	—	—	5.63	—			$I_{OH}=-5.2mA$
	V_{OL}	2.0	—	0.0	0.1	—	0.1	V	$V_{in}=V_{IH}$ or V_{IL}	$I_{OL}=20\mu A$
		4.5	—	0.0	0.1	—	0.1			
		6.0	—	0.0	0.1	—	0.1			
		4.5	—	—	0.26	—	0.33			$I_{OL}=4mA$
		6.0	—	—	0.26	—	0.33			$I_{OL}=5.2mA$
入力電流	I_{in}	6.0	—	—	±0.1	—	±1.0	μA	$V_{in}=V_{CC}$ or GND	
静的消費電流	I_{CC}	6.0	—	—	1.0	—	10	μA	$V_{in}=V_{CC}$ or GND, $I_{out}=0\mu A$	

(データシートより抜粋)

(5) スイッチング特性

DC特性が電圧や電流が安定したときの静的な特性を表すのに対し、スイッチング特性は電圧や電流が変化するときの動的な特性を表します。

図4-2は、ルネサスエレクトロニクス社のHD74HC00のスイッチング特性を示す入出力波形です。遅延時間の基準として、HighとLowとの電位差の10%から90%（または90%から10%）の変化に要する時間を基準とします。入力の立ち上がり／立ち下がり遅延時間 (t_r, t_f) を6nsとして、その出力を測定したものです。それぞれに対応する出力上昇時間／出力下降時間は t_{TLH}, t_{THL} で表されます。入力の立ち上がり／立ち下がりの変化が出力に伝搬するのに要する時間（伝搬遅延時間）は、HighとLowとの電位差が50%となる点で測定され、それぞれ t_{PLH}, t_{PHL} で表されます。これらをまとめたものが表4-3になります。

例えば、電源電圧が6.0V、周囲温度が25℃のとき、出力上昇時間、出力下降時間はいずれも最大で13nsであり、伝搬遅延時間はいずれも最大で15nsであることがわかります。

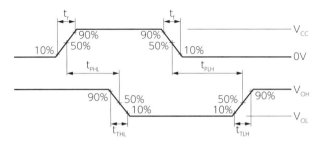

図4-2　HD74HC00　スイッチング特性波形

(データシートをもとに作成)

入力容量 Cin は入力端子と接地 (GND) 間の容量であり、大きいほど High/Low の切り替えに多くの電荷が必要になるため、伝搬遅延時間や接続できるデバイスの数に影響します。例えば、表 4-3 に示す入力容量は最大で 10 pF で、この表が示す負荷容量は C_L = 50 pF なので、この伝搬遅延を保証するファンアウト数の最大は 50/10 = 5 であるといえます。

DC 特性と同様に、スイッチング特性も周囲温度や電源電圧によって変化することに注意が必要です。

表 4-3　HD74HC00　スイッチング特性
(C_L = 50 pF, 入力 t_r = t_f = 6 ns)

項目	記号	V_{CC} (V)	Ta=25°C			Ta=−40〜+85°C		単位	測定条件
			Min	Typ	Max	Min	Max		
伝搬遅延時間	t_{PLH}	2.0	—	—	90	—	115	ns	
		4.5	—	9	18	—	23		
		6.0	—	—	15	—	20		
	t_{PHL}	2.0	—	—	90	—	115	ns	
		4.5	—	8	18	—	23		
		6.0	—	—	15	—	20		
出力上昇時間	t_{TLH}	2.0	—	—	75	—	95	ns	
		4.5	—	7	15	—	19		
		6.0	—	—	13	—	16		
出力下降時間	t_{THL}	2.0	—	—	75	—	95	ns	
		4.5	—	7	15	—	19		
		6.0	—	—	13	—	16		
入力容量	C_{in}	—	—	5	10	—	10	pF	

（データシートより抜粋）

4.2 デバイスを使用する

4.2.1 デジタルデバイスの使用

デジタルシステムの設計では、システムの仕様に応じて適切な特性を持つデバイスを選択して構成する必要があります。同じ機能で異なる特性の製品群をファミリーあるいはシリーズと呼びます。

(1) 汎用ロジックIC

「74シリーズ」で有名な論理回路のデバイスです。TTLで構成されたものが始まりですが、今日ではCMOSで実現され、消費電力が削減されたものが主流です。多くのメーカーで製造販売されていますが、基本となる型番が同じであれば同機能であり、ピン配置も同じになっています。例えば、図4-3はルネサスエレクトロニクス社のロジックICの1つであるHD74HC00のピン配置です。4つのNANDゲートが構成されています。HCはCMOSトランジスタによる構成を表します。

今日では、低電圧、低消費電力、高速など、同機能で特性の異なる汎用ロジックICの製品群があり、用途に応じて選択可能となっています。特に近年では、携帯機器向けとして、小型・薄型のパッケージ、小型リードのもの、単一ゲートが構成されたものなどがあります。また、レベルシフタやバススイッチなど、インタフェース機能を強化した製品群もあります。

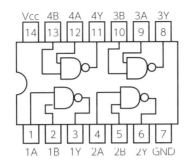

図4-3　HD74HC00 ピン配置　（データシートをもとに作成）

(2) FPGA

当初は ASIC の試作などに利用することが多かったFPGAですが、近年では微細化、高性能化が進み、ASICに比べて開発・製造かかる時間的コストを大きく削減できるので、ASICに代わるデバイスとして利用されるようになりました。

今日のFPGAには論理を構成するLUT (Look-Up Table) だけでなく、DSPやブロックRAM、高速シリアルインタフェースあるいはCPUコアを搭載したものがあり、その用途は、運転支援、自動運転システムなどにも広がっています。また、航空宇宙での利用を想定してノイズ耐性を高めたものなどもあります。

(3) GPU

規則的で単純な演算処理を高速かつ大量に処理できるGPUは、画像処理以外の分野にも応用が広がっています。そのような応用やそのための技術はGPGPU (General-Purpose Computing on GPU) と呼ばれます。近年ではその開発環境の発展、充実に伴い、高性能計算 (HPC) や人工知能におけるディープラーニングにも使

われています。

(4) メモリ

①　SDRAM (シンクロナス DRAM)

システムバスに同期して動作する DRAM です。制御回路を持ち、命令に応じた動作を行います。

DDR (Double-Data-Rate) SDRAM

クロックの立ち上がりと立ち下がりの両方で命令の受付やデータ転送を行います。最大動作周波数が異なる規格が複数あります。より性能の高い規格として DDR2/DDR3 が策定され、転送速度が向上するとともに、低電圧で駆動するようになっています。DDR3L SDRAM は 1.35 V と低い電圧で動作し、ノートパソコンやスマートフォンなどのモバイル機器に利用されます。

QDR (Quad-Data-Rate) SDRAM

DDR SDRAM に対して、書き込みと読み出しのために独立したポートを持ち、さらに高い転送速度を実現しています。ハイエンドルータなど高いスループットを必要とする処理に適しています。

②　SRAM (スタティック RAM)

フリップフロップを利用した記憶回路であり、記憶保持状態での消費電力は小さくなります。1 セル当たりのサイズは大きいため大容量メモリには不向きですが、高速に読み書きができるため、プロセッサのキャッシュメモリなどに使われます。

③ マスクROM

記憶すべき情報をデバイスの製造時に書き込む（配線として作り込む）ことで実現するメモリです。読み出し専用で書き換えできません。量産によってコストを小さくできるため、家電や産業機械に内蔵される組み込み用ソフトウェアの記憶に利用されます。

④ フラッシュメモリ

不揮発性のメモリです。構造や仕組みに関する説明は「はかる×わかる半導体 入門編」にありますが、用途の観点から見た主な特徴は次のとおりです。

NAND型フラッシュメモリ

高集積化が可能で大容量の製品が生産されています。データの消去や書き込みはブロックやページと呼ばれる複数のメモリセルの単位で行われるため、比較的高速です。データストレージに向いており、SDカードやSSDに利用されています。

NOR型フラッシュメモリ

バイト単位の読み出しを高速に行うことができます。書き込みはNAND型に比べて低速ですが、高い信頼性を持っています。集積化が難しく、256Mb以下の比較的低容量の製品が生産されています。このような特徴から、スマートフォンなどの組み込み機器でのプログラムを格納するコードストレージの用途に適しています。

⑤ ストレージクラスメモリ

CPUとメインメモリの高速化により、NAND型フラッシュメモリよりさらに高速で大容量の次世代メモリが開発されています。その1つとして、磁気抵抗メモリMRAM (Magneto-resistive RAM) があります。MRAMは磁気で情報を記憶するため省電力であり、構造が簡単で高い集積度が得られます。そのほか、抵抗変化型メモリ (ReRAM：Resistive RAM) や相変化メモリ (PRAM：Phase change RAM) などが次世代メモリとして期待されています。

4.2.2 アナログデバイスの使用

アナログデバイスは、オペアンプから始まり、コンパレータ、電源用IC、高速シリアル通信 (USB, Thunderbolt, PCI Express, HDMIなど)、ネットワーク (Ethernetなど)、RF、マイクロ波、PLLシンセサイザ、A/D、D/Aコンバータや各種センサ専用に製品が開発されています。図4-4にその広い利用範囲を示します。

近年のアナログデバイスはスマートフォン通信関連と自動車関連が大きく市場を牽引しています。特にAIを用いた自動運転では、外部世界の認識にアナログデバイスの果たす役割がますます大きく

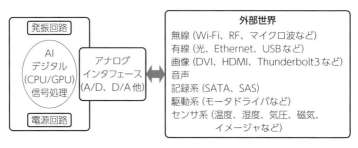

図4-4 アナログデバイスがカバーする広範囲な世界

なっています。

(1) オペアンプ

オペアンプの選択は用途、性能 (動作電圧、帯域幅、静止電流、出力電流など)、構造面 (パッケージや内蔵オペアンプ数など) から検討する必要があります。

さらに特性面に着目すると、特性を強化したオペアンプがあります。例えば 高精度オペアンプ、低オフセット電圧オペアンプ、ゼロドリフトオペアンプ、nA オーダーの低入力電流オペアンプ、5 nV/√Hz 以下のローノイズオペアンプ、SR = 20 V/μs 程度の高速オペアンプ、50 MHz 程度の f_T (単一利得周波数) の広帯域オペアンプ、電流帰還型オペアンプ、耐容量性負荷オペアンプ、パワーオペアンプなどがあります。

ここでは同相入力電圧範囲と最大出力電圧に着目して分類し、よく使うデジタル回路の説明も加えます。実際の選択にはデータシートでより詳細なスペックを確認して絞り込む必要があります。特にデータシートでは単電源のデータであることが多いので電源条件には注意してスペックを読んでください。

① 汎用 (両電源) オペアンプ

・汎用とは一般的な回路で用いられるオペアンプです。
・電源は Vcc と − Vee の両電源で動作します。
・出力信号の振幅は両電源電圧付近で飽和し歪むので注意が必要です。
・オペアンプには、バイポーラトランジスタと入力インピーダンスが高くバイアス電流の少ない FET 入力タイプがあります。

- 帯域は数MHz～15MHz程度なのでオーディオ帯域での交流増幅に適しています。オフセット電圧は入力換算数mVと大きくなっています。
- オペアンプとしてはとても使いやすい。

② 単電源オペアンプ

- 電源に＋Vcc（または－Vee）のみを供給して正常に動作するものを単電源オペアンプといいます。デジタル回路とのインタフェースに利用されセンサなどのアナログ信号をA/Dコンバータなどに取り込むのに向いています。ただし、0V付近は正常に動作しますが＋Vcc（または－Vee）側で出力信号の振幅は飽和します。
- 単電源のオペアンプはバイポーラトランジスタのオペアンプが多い。

③ CMOSオペアンプ

- CMOSオペアンプは低電圧動作、低消費電流などの特徴のあるオペアンプで、マイコンなどのデジタル回路とのインタフェースに適しています。

④ レール・ツー・レール (Rail-to-Rail)

- オペアンプの電源電圧（＋Vcc～－Vee）まで動作します。
- 電源電圧が低く、センサなどの信号処理に適しています。
- ダイナミックレンジを大きく取りたい両電源動作に向いています。

・入出力が「Rail-to-Rail Input」「Rail-to-Rail Output」と表現されています。

これらの分類は絶対的なものではなく、例えばCMOSオペアンプには単電源や「Rail-to-Rail」を実現しているものがあります。

(2) 高速シリアル通信

高速シリアル通信はデジタル信号を高速に伝達する技術です。パラレル通信に比べシリアル通信のデバイスはデータのシリアル化でピン数が減らせ小型化、低消費電力化ができるため、クロック動作をより高速化でき、データスループットの高いデータ通信が実現できます。このためますます高速化に向けた技術開発が進んでいます。

この高速化にはアナログ技術が重要な役割を果たしています。高速シリアル通信は規格ごとに正常なデータ伝送とデータリカバリをする物理層とデータに意味を持たせるデータリンク層があり、その上に規格ごとに定められたいくつかの層があります。物理層に使われる高速化技術は規格によらず共通な技術が用いられています。

高速シリアル伝送には差動伝送が用いられ、通常LVDS (Low Voltage Differential Signaling) を使います。さらにクロックデータリカバリ (CDR) 技術や受信側でのイコライゼーション、送信側でのプリエンファシスなどがあります (『はかる×わかる半導体 入門編』参照)。

ここからは、高速シリアル通信の代表的な規格であるUSB、Thunderbolt、PCI Express、HDMIについて説明します。

① USB (Universal Serial Bus)

USBの規格は現在USB 1.0、USB 1.1、USB 2.0、USB 3.0、USB 3.1があり、2017年9月に最新のUSB3.2が策定され仕様書が公開されました（図4-5）。過去の製品のUSB 1.0、USB 1.1、USB 3.0、USB 3.1の周辺機器やPCはUSB 2.0とUSB 3.2に互換性があるため、最新のPCでも利用できます。

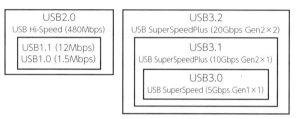

図4-5　USBの規格一覧

PCや周辺機器が必要とする転送帯域やコストに応じて使い分けられています。

USBは、PCのような「ホスト」とプリンタや外部記憶装置のような周辺機器である「デバイス」を接続しますが、USB3.0からその関係は双方向に変化しています。

USB 3.2で利用するUSBケーブルには、USB 2.0用の信号とUSB 3.2用の信号の両方が含まれています。これはUSB3.0とUSB3.1のケーブルも同じでケーブル自体が9本（USB 2.0の分が4本、USB 3.2の分が5本）の信号線から構成され、USB 2.0の部分は完全に独立しています（図4-6）。

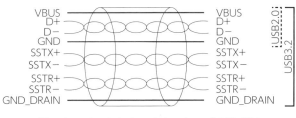

図4-6　USB 3.0/3.1/3.2のケーブル構成図

　USBの仕様では、ケーブルの両端には「プラグ」があり、ホスト側につなぐコネクタを「A」、デバイス側の接続部（受け口）につなぐコネクタを「B」と呼びます。ホスト側とデバイス側の接続部（受け口）側を「レセプタクル」と呼びます。

　USBケーブルは両端にあるコネクタをホスト側とデバイス側を区別するため異なる形状のものにしています（ただし「USB Type-C」という仕様のケーブルの両端は同じコネクタになっています）。

　USBでは、通信と給電が同時に行える規格ですが、給電だけを別規格にして2012年7月に「USB Power Delivery Specification 1.0 (USB PD1.0)」が発表され、1本のUSBケーブルで100Wまでの電力を供給する仕様が定められました。

　2014年にType-Cコネクタの登場とともに「USB PD2.0」に改訂され、「電力供給のルール：パワールール」が導入されました。

　2015年はさらに「USB PD3.0」が発表され、機器間認証など安全面を配慮した仕様が追加されています。Type-Cを利用している場合、電力条件等が合っていれば、ロール・スワップ機能により、両端の機器（例えばノートPCとバッテリー）の電力上の役割、つま

り「給電」と「受電」を一瞬に入れ替えすることができます。

この役割入れ替えは電力だけでなくデータ通信でもできます。さらに過電圧保護（OVP）、過電流保護（OCP）、過熱保護（OTP）の3つが導入されています。

表4-4　USB2.0/3.1/3.2の主要規格一覧

規格	USB2.0	USB3.1	USB3.2
仕様発行年	2000/4	2013/8	2017/9
符号化方式	8b/10b	8b/10b (Gen1) 128b/132b (Gen 2)	128b/132b (Gen 2)
通信方式	半二重通信	全二重通信	全二重通信
最大転送速度	480 Mbps	5 Gbps (Gen 1) 10 Gbps (Gen2)	20 Gbit/s (Gen 2x2)
給電能力	500 mA (5 V)	1000 mA (5 V) Type-C : 3 A (5 V) (USB PD対応 2 A (5 V) 〜5 A (20 V))	Type-C : 3 A (5 V) (USB PD対応 2 A (5 V) 〜5 A (20 V))
コネクタ形状	Type-A / Type-B	Type-A / Type-B / Type-C	Type-C
最大ケーブル長	5 m (電線)	1 m (電線) 推奨	—
主従方向	ホスト→デバイス	双方向	双方向
後方互換	USB1.1	USB2.0/3.0	USB2.0/3.0/3.1

一般的なルールとして、USBでは、ホスト側のレセプタクル1つには1本のUSBケーブルしか接続できないがホストとデバイス

の間にハブ(Hub)を置くことで、複数のUSBデバイスを接続できるようになり、最大127台のデバイスを接続できます。

複数のUSBレセプタクルを持つPCは、内部にハブがあり、1つのUSBホストコントローラーに接続しています。いまやUSBは、PCだけでなく、スマートフォンやタブレットなど様々な製品と周辺装置を接続する標準的なインタフェースとなっています。

② Thunderbolt

インテルがアップルと共同開発した高速汎用データ伝送技術です。ホスト機器に様々な周辺機器を接続することができ、USBよりも多機能・高性能です。

USB Type-Cとはコネクタ形状の規格です。Thunderbolt 3は「USB Type-Cの端子ピンをほかのプロトコル転送に利用できるUSB Type-Cの拡張仕様「Alternate Mode」を用いて実装されています。このためThunderbolt 3はUSB 3.1 Gen 2にも対応しています。

USB Type-Cの拡張規格である「Alternate Mode」ではUSB Type-Cポートおよびケーブルを使用して別の規格の信号を流すことができます。Thunderbolt 3では「Alternate Mode」が実装されていて、USB 3.1 Gen 2、DisplayPort (Alt Mode)、Thunderbolt3 (Alte Mode)の3種類のデータ転送を行うことができます。

USB Type-Cケーブルについては、パッシブケーブルと伝送時の信号減衰や遅延を補正するチップを内蔵したアクティブケーブルがあり、0.5m以下のパッシブケーブルでは最大転送速度が40Gbps、それより長いと最大転送速度が20Gbps、アクティブケーブルでも最大2mまでで最大転送速度が40Gbpsとなってい

表4-5　Thunderboltの規格一覧

規格	Thunderbolt	Thunderbolt2	Thunderbolt3
仕様発行年	2011/2	2013/6	2015/6
プロトコル	PCI Express 2.0 Display Port 1.1a	PCI Express 2.0 Display Port 1.2	PCI Express 3.0 Display Port 1.2 (1.4：Titan Ridge) USB 3.1 Gen 2
符号化方式	64b/66b	64b/66b	64b/66b
最大転送速度	10Gbps	20Gbps	40Gbps 10Gbps (USB Type-C (Thunderbolt Alt Mode))
給電能力	10W	10W	100W
コネクタ形状	Mini DisplayPort	Mini DisplayPort	USB　TYPE-C
最大ケーブル長	3m (Active電線)	3m (Active電線) 60m (光ファイバー)	0.5m (Passive電線) 2.0m (Active電線) 60m (光ファイバー)

ます。

　アクティブケーブルはチップ内蔵のため、USB3.1Type-Cのケーブルを Thunderbolt 3 で使用することはできません。Thunderbolt 3専用のアクティブケーブルを使用しなければなりませんが、パッシブケーブルについてはその必要性がありません。

　Thunderbolt 3は下位互換であるがThunderbolt 1/2のコネクタ形状はMini DisplayPortなので、Thunderbolt 3専用の変換

ケーブルが必要です。

　Thunderbolt 1/2/3ともにPC本体に周辺機器を最大6台デイジーチェーンすることができます。

　Thunderbolt 3は規格上最大15Wの給電能力を持っていますが、USB Type-CはUSB PD対応でもあるので、100Wまでの給電ができます。

　さらに距離が必要であれば光ファイバーを使用すると最大60mまで距離を伸ばすことができます。

　③　PCI Express

　PCI Express（ピーシーアイエクスプレス）は、2002年にPCI-SIGによって策定された、I/Oシリアルインタフェース、拡張バスの一種です。文書ではPCIeと表記されることもあります。

　最小単位として双方向一組（上りと下りの信号対）4線を1レーン（lane）として扱い、動作モードx1と呼びます。

　PCI Expressで供給される電源は3.3Vと12Vです。

　PCI Expressスロットからの電力供給を超過する分はATX12V Ver2.xの補助電源プラグ（6ピン/8ピン）経由で供給します。

　2019年に公開されるPCI Express 5.0の最小のx1レーン接続では片方向4GB/s、双方向8GB/s、グラフィックボードなどで一般的に使われるx16レーン接続では片方向64GB/s、双方向128GB/sの転送速度を達成することができます。

　PCI Express 3.0以降は物理レイヤの転送帯域をギガビット毎秒（Gbps）ではなくギガトランスファ毎秒（GT/s）で表記します。

表4-6 PCI Expressのバージョンと仕様

バージョン	規格策定年	(双/片)1レーン	符号化方式	レーン範囲
PCI Express 1.1 (Gen1)	2005 (1.0は2002年)	0.5/0.25 GB/s	8b/10b	X32
PCI Express 2.0 (Gen2)	2007/1	1/0.5 GB/s	8b/10b	X32
PCI Express 3.0 (Gen3)	2010/11	2/1 GB/s	8b/10b	X32
PCI Express 4.0 (Gen4)	2017/10	4/2 GB/s	8b/10b	X64
PCI Express 5.0 (Gen5)	2019年予定	8/4 GB/s	8b/10b	X64

表4-7 PCI Expressスロットからの電力供給

スロット形状	X1	X4/X8	X16
フルハイト	10W/25W	25W	25W/75W

④ HDMI (High-Definition Multimedia Interface)

映像や音声などのマルチメディアのデジタル信号を伝送する通信インタフェースの規格で、Silicon Image、ソニー、東芝、トムソン、パナソニック、日立製作所、フィリップス の7社共同で規格を策定しました。

2002年12月version 1.0から始まり、2009年5月version 1.4で3D映像に対応、すべての信号線がシールドされ4Kに対応、2017年11月最新version 2.1で8K、拡張ARCなどに対応し時代の要請に応えています。

HDMIの物理層はTMDS (Transition Minimized Differential

Signaling)、信号の暗号化はHDCP (High-bandwidth Digital Content Protection)、機器間認証はEDID (Extended display identification data)、系全体の制御系接続はCEC (Consumer Electronics Control) が採用されています。

互換性問題が発生したDVIの反省を生かし、HDMI製品を「HDMI規格準拠」とするには接続確認テストに合格する必要があります。

コネクタ、接続ケーブルの生産にも製品ごとにライセンス料がかかります。

新しいバージョンには下位互換性がありますが、中継機器によって伝送できる信号に制約がかかることがあります。

接続は1つの表示機器を頂点とするツリーを前提としているため、分配器等で2つ以上の表示機器を接続すると一部動作制限がかかることがあります。

HDMIの規格ではHDMIのケーブル長を規定していないので、長距離ではブースタの使用が前提になります。

HDMI規格とは直接関係はありませんが、有線のHDMI相当の映像・音声を送信し著作権保護にも対応している無線電波を使うワイヤレスHDMIがあります。スマートフォンではWi-Fi Allianceが策定したMiracastはGoogleのAndroid 4.2以降で標準対応しています。AppleはAirPlayで対応しています。

4.2.3 その他のデバイス (センサなど) の使用

センサ (sensor) とは物理的・化学的現象を電気信号として出力するデバイスです。センサを利用した計測・判別を行うことを「センシング」といいます (図4-7)。

図4-7　センサデバイスの構成

　近年、AI (Artificial Intelligence：人工知能) を活用したビッグデータの解析技術の発展に伴い、多数のセンサから収集したビッグデータを人工知能で処理することで新たな付加価値が生み出されています。今や情報収集の手段であるIoT (Internet of Things：モノのインターネット) の主役としてセンサが注目されています。ここでは、大量生産や信号処理の組み込みが容易な半導体製造技術 (MEMS (Micro Electro Mechanical Systems) など) を使用した半導体センサについてその概要を表4-8に示します。これからも、市場ニーズに合った物理的・化学的現象を応用した半導体センサが数多く開発されます。

表4-8　各種半導体センサ一覧

半導体センサ	目的・用途	内容
静電容量センサ	物体の近接による静電容量の変化を検出 ・スマートフォン ・ロボット ・液体の計測	人体や液体の検出や製造物の品質など様々に応用できる
カラーセンサ	物体が持つ色情報を測定 ・照明システム ・スマートフォン ・カラー補正対象製品	RGB各種の色判別が可能なセンサ。汚れ検出や色検査機器の品質や色補正に使用する

半導体センサ	目的・用途	内容
照度センサ	・照明を測定 ・スマートフォン ・農作物の環境測定	照明や自然光の明るさを検出。省エネ目的の製品や照度による農作物の育成条件などで利用する
加速度センサ	物体の速度変化を測定 ・ドローン ・スマートフォン ・ゲーム機 ・ひずみ計	揺れ、傾き、振動、衝撃はIC内部のひずみ量を電気信号として取得する
ホールセンサ	物体の近接動作を検出 ・ドアやカバーの開閉 ・モーター回転子の位置検出	磁気を持つ物体を対象とし、センサICが磁界の強度を検出する
インダクティブセンサ（誘導型近接センサ）	物体の近接動作を検出 ・移動体の近接検出 ・移動量の測定 ・回転位置検出	測定対象が導電性を持つ金属に限定される。鉄などの磁性金属は動作距離が大きく、銅、アルミニウムのような非磁性金属に対しては検出距離が短くなる
TOF (Time of Flight) センサ	対象物までの距離を測定 ・3D測定器 ・ロボット ・オートフォーカス	レーザが物体に当たり反射されるまでの時間を計測する。ヒトとの距離や存在、障害物の検出など様々な場面で利用される
温度・湿度センサ	温度、湿度情報を測定 ・環境測定器 ・医療器	温度と湿度が測定でき、様々な分野で利用されている
ガスセンサ	空気品質を測定 ・空気清浄器 ・エアコン ・換気システム	家の建材に含まれている化学物質VOC (揮発性有機化合物) を空気から測定する

4.3 デバイスを実装する

4.3.1 ノイズ対策

電子機器の小型・高機能化に伴うデバイスの高密度実装やCPUのクロック高速化やSoCの複数クロックなどがプリント基板上でノイズ発生源となり、他の電子機器の動作に悪影響を与える放射ノイズを発生させます。

この他に、筐体のプラスチック化は金属と比べてシールドが難しく、他の電子機器に悪影響を与えるだけでなく自ら他の電子機器から放射ノイズを受ける側にもなります。

このようなノイズの対策について、ここでは、主にプリント基板におけるノイズ対策を説明します。しかし電子機器のノイズ対策は、チップ、パッケージ、プリント基板、筐体を通して総合的に対策する必要があります（図4-8）。

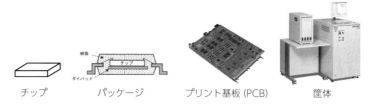

図4-8　チップから筐体まで総合的にノイズ対策が必要

ノイズとは、電子機器の動作にとって望ましくない不要な電気エネルギーの総称で、その用語と規格について説明します。

エミッション (emission：放射) とは、電子機器内で発生するノイズのことで、EMI (Electro-Magnetic Interference：電磁干渉) とも呼ばれます。

イミュニティ (immunity：免疫) とは、電子機器の外部から侵入するノイズへの耐性のことで、EMS (Electro-Magnetic Susceptibility：電磁感受性) とも呼ばれます (図4-9)。

ノイズに対する規制は1950年頃ラジオの混信の規制から始まり、今ではEMIとEMSそれぞれが取り決められています。

EMIについては、国内ではVCCI、電気用品安全法 (PSE法) であり、国外ではFCC (アメリカ)、CSA (カナダ)、EN (欧州連合) などがあります。

EMSについては、国内では各工業会でガイドライン化が進行中であり、国外ではIEC (国際電気標準会議) 規格が制定されています。

さらに、エミッションとイミュニティ両方に対処する「他の機器に電磁妨害を与えず、他の機器から電磁妨害を受けても正常動作を維持する耐性」、つまりEMC (Electro-Magnetic Compatibility：電磁両立性) についても、国際組織としてIECやその特別委員会で

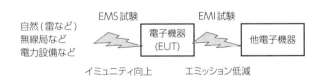

EUT : Equipment Under Test

図4-9　EMIとEMSの関係

あるCISPR（国際無線障害特別委員会）で委員会が組織されています。現在ではこの国際規格を引用して法律的に拘束力がある地域や国の規格が制定されています。

しかし、例えばアメリカの FCC 規格と IEC 規格にはまだ相違点があり、適用する規格のバージョンには注意が必要です。国内では国際規格の JIS 規格化が進んでいます。

図4-10　EMC国際規格の階層

国際規格の階層では、その規格を適用する優先順位は製品規格から、基本規格へと順位が決められています（図4-10）。

(1) EMC（電磁両立性）

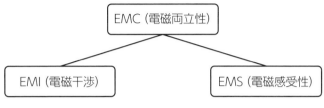

図4-11　EMCとEMI、EMSの関係

　EMCはノイズ放出を意味するEMIとノイズ耐性を意味するEMSから構成されています（図4-11, 4-12）。
　EMSでは電源線やI/Oケーブル等の導体線路を経由して流入する伝導ノイズと電磁エネルギーが電磁波の形態で吸収される放射ノイズがあり、その各々はノーマルモードとコモンモードがあります。EMIでは電源線やI/Oケーブル等の導体線路を経由する伝導ノイズと電磁エネルギーが電磁波の形態で空間に放射され伝搬する放射ノイズがあり、各々にはノーマルモードとコモンモードがあります。
　各々のノイズは、信号源に対するノイズ源の電気的位置関係からノーマルモードとコモンモードに分類して説明できます。ノーマルモードは行きと戻りの向きが逆になることから、デファレンシャルモードとも呼ばれます。

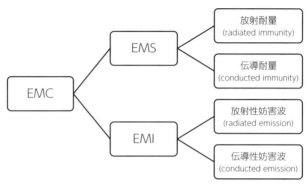

図4-12　EMCとEMS、EMIの構成

　ノーマルモードノイズは、図4-13に示すように、ノイズ源が信号源に対して直列に入り信号ラインを通して負荷に伝達されるノイズです。コモンモードノイズは、図4-14に示すように、信号ラインと接地の間に浮遊容量などのノイズ源があり、2本の信号ラインに重畳されるノイズです。

図4-13　ノーマルモードノイズ　　　図4-14　コモンモードノイズ

　ノーマルモードで信号が囲むループ面積をS [m^2]、流れる電流をI_d [A]、周波数をf [Hz]、MSL (Micro Strip Line) からの距離をd [m] としたときの電界強度E_D [V/m] は、以下の式で表されます。

$$E_d = 1.316 \times 10^{-1} \frac{I_d f^2 S}{d} \qquad (4.1\text{式})$$

他方、コモンモードによる放射の電界強度 E_c [V/m] はケーブル長 L [m] を使うと、

$$E_c = 1.257 \times 10^{-6} \frac{i_d f L}{d} \qquad (4.2\text{式})$$

で求めることができます。

　この式から、ノーマルモードではループ面積を小さくし、周波数の二乗に比例する高調波を抑制するノイズ対策が有効です。
　ノーマルモードとの比較では、コモンモードのノイズがはるかに大きいので距離Lを極力小さくし、高周波ではコモンモード電流も増加するので高周波抑制がノーマルモードとともにノイズ対策には重要です。

(2) SI (Signal Integrity)：シグナルインテグリティ (信号品質)

　これは信号に関わるノイズの中で、デジタル信号の高速化を背景にして生ずる、
・波形の立ち上がり / 立ち下がりの時間の遅延
・波形の立ち上がり / 立ち下がりの傾きの違い
・電圧や電流の波形振幅の差
で発生する信号の歪みを扱うものです。

　実際のプリント基板の設計での主な対策は、

・信号の反射（裏面GNDのパターンや配線コーナー形状など）
・クロストーク（配線間寄生容量など）
・配線のインピーダンスによる信号歪み（配線は極力短く）
などの対策だけではEMIやEMSのノイズが重畳されるので不十分です。基板の部品間配線やプリント基板間のケーブルもアンテナになるのでEMIフィルタを使用するなど接続にも注意を払う必要があります。

　コモンモードがノーマルモードに大きな影響を与えるのでコモンモードを優先して対策してゆく必要があります。

(3) PI (Power Integrity)：パワーインテグリティ（電源品質）

　プリント基板上のLSIの低電圧化と大電流化でノイズ源となる電源とグランドの安定性を対象とします。デジタル信号を扱う上で電源ノイズの最小化は回路の信頼性を確保する上で必要不可欠です。

　プリント基板電源層（面）とグランド層（面）間の抵抗は、PDN (Power Distribution Network) インピーダンスと呼び、数mΩ程度が必要とされます。

　特に電源回路周辺のバイパスコンデンサは、その周波数特性を考慮し適切に選びかつ、そのバイパスコンデンサを電源ピンに近接させたレイアウトにすることがとても重要です。

　今日ノイズ対策にはフェライトコア、コイル、コンデンサ、またコイルとコンデンサを組み合わせたノイズフィルタが多用されています。特に高周波を利用した電源装置（スイッチング電源、インバーターなど）では、ノイズフィルタ抜きでの対応は不可能な状況です。

4.3.2 熱対策

デバイスとしてMOSFETのSOAとプリント基板およびパッケージに直付けしたヒートシンクの熱対策について説明します。

(1) 安全動作領域 (SOA)

これはASO (Area of Safety Operation) とも呼ばれます。図4-1にSOAが5つの要素から決まると説明されています。ここでは熱対策として説明します。

① 信号電流がDCかパルス (Duty比に依存)

SOAは単発パルス動作でDC動作よりSOAが広くなりますが、現実は連続パルス動作が多くDuty比を考慮して平均消費電力を定格電力以下にします。

② 動作周囲温度 (実装状態に依存)

SOAは周囲温度25℃の測定なので、100℃のSOAは許容損失 (P_D) とケース温度 (Tc) のグラフから温度ディレーティングにより求めます。図4-15は温度ディレーティングの例です。

ここで最大電流は温度によりオン抵抗が増えるので低下しますが、ドレイン・ソース間オン抵抗 (Ω) とケース温度 (Tc) のグラフから簡単に求めることができます。

バイポーラトランジスタのSOAについては、MOSFETのドレイン電流とドレイン・ソース間電圧を、コレクタ電流とコレクタ・エミッタ間電圧と読み替えることで扱うことができます。

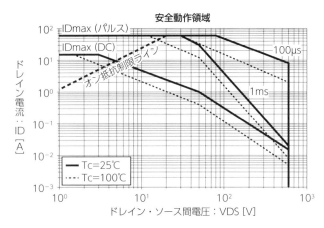

図4-15　MOSFETの25℃/100℃のSOA領域

(2) プリント基板における熱対策

プリント基板上の各デバイスは、発熱源であるとともに相互に熱の影響を受けるため、各チップの動作温度の低減は熱設計にとても重要です。

熱の伝達形態は、①熱伝導、これは物質中で高い温度から低い温度へ熱が伝わります。②対流、これは周囲空気の流れによる熱の伝達です。③放射、これは発熱体表面から電磁波によって熱を放射する現象です。

プリント基板では、近年著しい高密度実装に対応してデバイスの小型化が進み、デバイス自身の表面積が小さくなり放熱量が減って、デバイス単独での放熱が期待できなくなり、デバイスから発生した熱の大部分がプリント基板に流れます。

プリント基板に流れ込んだ熱の一部は空気との界面で対流し、残りは表面から放射により放出されますが、熱の多くは熱伝導によっ

てプリント基板の表面や内部、裏面へ拡散していきます。

　プリント基板に多層基板を使用すれば基板全体の等価熱伝導率を上げることができ、裏面に放熱器を設置すれば放熱効果をさらに上げることができます。

　表面から裏面に貫通穴をあけるサーマルビアの導入で上下層面を熱的につなげば、放熱面の増加につながります。

　Cuパターンの被覆率を上げることで、より放熱を増やすこともできます。

　発熱源のデバイスをプリント基板上に複数個配置する場合は、距離によって相互に熱干渉が発生します。特に高温になるデバイスの近接配置は相乗効果により単体よりも温度が高くなるので注意が必要です。

(3) ヒートシンクによる熱対策

　プリント基板だけでは放熱が十分できないLSIを実装する場合には、直接LSIのパッケージ上にヒートシンクを設置して熱を対流で放熱させます。

　ここで、熱抵抗（℃/W）を使用して熱等価回路を解くことで、必要な熱抵抗のヒートシンクを求めることができます。

　チップのジャンクション温度をTj、パッケージの温度をTc、外気温度がTaのとき、

$$Tj - Ta = P(W) \times (\theta_{jc} + \theta_{ch} + \theta_{ha}) \quad (4.3式)$$

　より、例えば、Tj = 150℃、Ta = 50℃のとき、θ_{jc}はLSIの規格表から求められ、θ_{ch}は2.0～3.0程度なのでヒートシンクに必

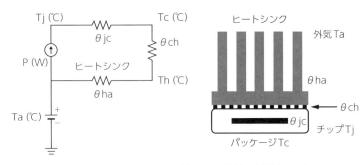

図4-16 ヒートシンクを使用した放熱と熱等価回路

要な熱抵抗（θ_{ha}）は計算から求められます（図4-16）。

　LSIの放熱設計を熱等価回路で説明しましたが、MOSFETなどのドライバの放熱設計にも利用されます。

コラム　　　　　　　　　　　　　　　　　　　　　　　　Column

シグナルインテグリティ

　鈍ったクロック波形をきれいな（急峻な）矩形波になるように改善することは、一見シグナルインテグリティの観点から良いことのように思えますが、実は真逆です。きれいな（急峻な）矩形波は無限個の奇数次の周波数成分から構成されるため、波形が急峻になると、波形に含まれる高周波成分のパワーが強くなります。多くのノイズに関わる問題は、波形の高周波成分と寄生インダクタンスや寄生容量から発生するのです。

初出：日経 xTECH　連載「パワーデバイスを安心・安全に使う勘所」、基板の配線はアンテナ？ 2018年1月掲載を改訂

参考文献 Bibliography

■第4章

[1] ルネサスエレクトロニクス株式会社，ロジック IC HD74 データシート，https://www.renesas.com/jp/ja/doc/products/logic/002/rjj03d0387_hd74hc00.pdf

[2] ローム株式会社，パワー MOSFET R6004KNX データシート，https://www.rohm.co.jp/products/transistors/mosfets/standard/r6004knx-product

[3] MOS-FET SOA (安全動作領域)，https://detail-infomation.com/mosfet-soa/

[4] 日本テキサス・インスツルメンツ社，ロジック・ガイド，http://www.tij.co.jp/jp/lit/sg/jajt217/jajt217.pdf

[5] 日本テクトロニクス株式会社，DDR メモリ入門，http://download.tek.com/document/54Z-21473-1.pdf

[6] ハイスピードメモリ：QDR/DDR SRAM，Cypress Semiconductor Corporation，http://www.cypress.com/file/101006/download

[7] ストレージクラスメモリー，株式会社キビテク，http://iot-jp.com/iotsummary/iottech/ストレージクラスメモリー/.html

[8] 湯山俊夫，『ハードウェアの動きを理解しながら学ぶデジタル回路の設計入門』(改訂新版)，CQ出版，2005年．

[9] 菊地正典 (監)，『図解でわかる半導体とシステムLSI』，日本実業出版社，2006年．

[10] 菊地正典，陰山隆雄，『図解でわかる電子デバイス』，日本実業出版社，2005年．

[11] USB：https://www.usb.org/documents

[12] Thunderbolt：Intel HP, Apple HP

[13] PCI Express：https://pcisig.com

[14] HDMI：https://www.hdmi.org/

[15] 日本規格協会，『JISハンドブック 電磁両立性 (EMC)』，2017年．

[16] 久保寺忠，『高速ディジタル回路実装ノウハウ』，CQ出版社．

[17] 浅田邦博監修，『はかる×わかる半導体 入門編』，日経BPコンサルティング，2013年．

半導体を
保証する

Chapter: 5
Quality Assurance

5.1 故障を調べる
5.2 信頼性を確保する
5.3 統計情報を活用する
5.4 セキュリティの脅威について

5.1 故障を調べる

　半導体デバイスの信頼性確保は、十分に高い故障検出能力を持った試験を適用することが第一ですが、これは半導体の出荷前の品質確保を対象にしたものです。

　出荷後の品質確保のためには、以下に示すような項目を合わせて実施し、半導体のライフサイクル全体での高い信頼性を実現することが重要です。

①適切な加速試験の実施による初期故障の低減
②市場故障原因の解析とフィードバック
③システム的な信頼性向上

　①の加速試験では、温度や電圧などの加速による破壊試験で故障デバイスの故障原因を調べて、その結果を分析して得られた適切な加速条件で非破壊の加速試験（バーンイン試験）を行います。

　加速条件の推定には、ワイブル分布を用いて測定データからパラメータを求める手法が使われます。

　①や②で必要となる故障原因解析では、特性的な不良を解析するシュームープロット解析や、解析装置を用いた故障解析技術が用いられます。

　解析にあたっては、あらかじめソフトウェア故障診断による論理的な故障箇所の絞り込みや、レイアウト情報を用いた概略の故障位置の絞り込みも行われます。これらで再現性のある故障原因が特定

された場合は、該当する設計項目や製造条件、あるいはテスト内容にフィードバックしてデバイス品質の改善を実施します。

③はシステムの2重化やモニタ技術などの技術により信頼性を向上させるアプローチで、機能安全の対策などで用いられます。これらに関しては第5章5.2および第5章5.3で詳述します。

コラム　　　　　　　　　　　　　　　　　　　　　Column

故障解析の思い出

　市場故障の解析は様々な困難を伴います。ボード基板上には複数の半導体デバイスが搭載されており、どれが故障デバイスかを特定する必要があります。一般には、故障現象を装置の専門家が解析し、怪しいと思われるデバイスを取り替えてみて、その基板が正常動作に戻れば、交換したデバイスが市場故障品として半導体メーカーに返品されます。しかし、この作業は多大な工数と時間を要するので、解析せずに故障ボードを交換するだけですます顧客も多いと思われます。つまり返却品は氷山の一角かもしれないのです。

　半導体メーカーは、返却されたデバイスを解析して顧客に報告する義務を負いますが、半導体デバイス単体での再テストを行っても、故障が再現しないことが多いのです。このため、様々な過酷な条件のテストが行われますが、最も役に立つのは顧客先の現場の専門的な情報です。筆者は半導体メーカーに勤めていたときに、毎月顧客先に通い、故障の現象を詳しく教えていただいた貴重な経験があります。真夏の太陽の照る中、あるいは雪を踏みしめつつ同じ海岸の道をてくてく通い続けたことは得難い経験でした。

5.1.1 信頼度の推定

(1) 半導体デバイスのライフサイクルでの信頼性

半導体デバイスの信頼性は、バスタブカーブと呼ぶ故障率曲線で表現できます（図5-1）。

半導体デバイスの初期故障期間には、潜在的な欠陥を持つ、あるいは低マージンのデバイスが、温度や電圧のストレスによる劣化で出荷後に短時間で顕在化します。初期故障を低減するには、高電圧や高温などのストレスを長時間与えるバーンイン試験（図ではBI試験と表記）が有効ですが、過度のストレス投与は良品の製品寿命を縮めてしまう危険性もあり、適切な加速条件の設定が重要です。

偶発故障期間は初期故障が取り除かれた後に比較的安定して稼働する期間ですが、残存の初期故障、ソフトエラー等の偶発故障、摩耗故障の一部なども混在しています。

摩耗故障はデバイスの摩耗や疲労によるもので、半導体デバイスは使用期間中に故障率が急激に増加する摩耗故障期間に入らないよう設計されます。半導体デバイスの実使用期間は10年間とするこ

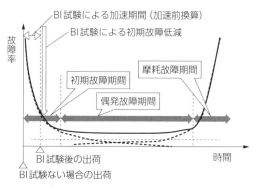

図5-1　バスタブカーブとバーンイン試験の関係

とが多いようですが、使用目的により異なるので注意が必要です。

(2) ワイブル分布とパラメータ

初期故障期間はバーンイン試験で短縮できます。

TEGや抜き取りサンプルにおける加速試験での故障発生データから故障率関数 $\lambda(t)$（正常に動作している全デバイスに対し、次の単位時間当たりに発生する故障の割合）と、故障率関数の時間積分である累積故障率関数 $H(t)$ を計算してプロットすると、加速時間と故障率の関係が分かります。これよりデバイス出荷後の初期故障期間と故障率との関係を推定して、初期故障期間での故障率が適切な値になるように、バーンイン試験での加速時間を決定します。

この関係を表現するのにワイブル分布が使われます。

ワイブル分布は、物体の体積と強度との関係を定量的に記述する確率分布として1939年に提案されましたが、指数関数の拡張と考えられます。パラメータを変化させれば多様な形状に変化するので、半導体デバイスの寿命分布の近似関数によく使われています。

パラメータとして、尺度パラメータ (η)、形状パラメータ (m)、および位置パラメータ (γ) があります。

図5-2は横軸に時間、縦軸に故障率を取っています。ここでA ($m<1$) は時間ともに故障率が小さくなる初期故障型に対応、B ($m=1$) は時間に対して故障率が一定の偶発故障型に対応、C ($m>1$) は時間とともに故障率が大きくなる摩耗故障型に対応します。またDは $m=2$ の場合です。

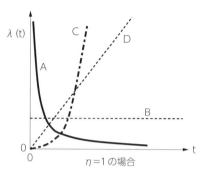

図5-2 ワイブル分布の形状

(3) ワイブル分布のパラメータ決定

加速試験での累積故障率を、故障モードごとに、ワイブル確率紙にプロットすることで容易にパラメータを決定できます。

5.1式は$\lambda(t)$とH(t)の関係です。$\lambda(t)$がワイブル分布の故障率関数となる場合は5.2式となることが知られています。ここで$\ln H(t) = m^*\ln(t) - m^*\ln(\eta)$となることから、図5-3のように縦軸を$\ln H(t)$、横軸を$\ln(t)$として、加速試験での故障発生データから計算した故障率関数と累積故障率関数の値をプロットすると直線状になります。この直線の傾きから形状パラメータm、切片から尺度パラメータηをそれぞれ求めます。

ただし、加速試験はストレスを与えた試験条件で行われていますので、得られたデータは加速度を考慮して実使用時間に換算してからプロットする必要があります。このようにワイブル分布のパラメータが求まると故障率関数から故障率の予測が可能になります。

$$H(t) = \int_0^t \lambda(s)\,ds \qquad (5.1\text{式})$$

$$H(t) = \left(\frac{t}{\eta}\right)^m \qquad (5.2\text{式})$$

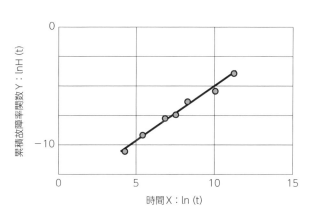

図5-3　ワイブル確率紙へのプロットによるパラメータ決定

注：lnは自然対数

（4）バーンイン試験で低減が難しい故障モード

　バーンイン試験では主に劣化性や欠陥性の故障を検出します。半導体デバイスの代表的な故障モードは、『はかる×わかる半導体 入門編』第2章にも記載されていますが、ここではバーンイン試験では検出が難しく、偶発故障期間にも残る非劣化性の代表的な故障モードを概観します。

① 静電破壊

静電気放電 (Electrostatic Discharge, ESD) などの急激な放電現象による過電圧や過電流が原因で発生します。局所的な大電流や高電界により破壊に至ります。入出力回路のショートあるいはオープン故障となり、また PN 接合部や入出力回路の酸化膜などに破壊の痕跡が残ることが多いので解析は比較的容易です。

回路的には保護ダイオードなどで急激な過電流を流すルートを設けたりしますが、許容量を超えると破壊に至るので、原因となるサージ電圧 (電流) やESDなどが起きないよう半導体デバイスの取扱いには十分な注意が必要です。

1) サージ電圧

電源や測定器の回路の開閉時などに大きな電圧が発生する場合がありサージ電圧と呼びます。特に、電源系統の異常な電圧が原因で発生する静電破壊をサージ破壊と呼ぶことがあります。

2) ESD (静電気放電)

帯電した人体がもたらす高電圧の放電等の現象をいいます。瞬間的に高電圧の電流が流れるため電子機器に損傷をもたらしやすく、電子化が進んでいる車載用途では、ESD試験がAEC-Q100に信頼性試験の認定基準の1つとして定められています。また車載以外でも目的や製品ごとに様々な試験や規格が定められています。

デバイスを対象とした代表的な試験方法には、人体モデル (図5-4)、マシンモデル、デバイス帯電モデルがあります。

人体モデルでは人体の静電容量を100pF、皮膚の抵抗値を1.5kΩと想定した試験条件を用います。近年の微細加工デバイスではESDによる静電破壊が多く、専用の治具を用いるなど取扱いに十分な注意が必要です。

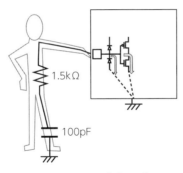

図5-4　ESDの人体モデル

② ソフトエラー

α線や宇宙線などによる一過性の誤動作で、偶発故障期間ではほぼ一定の確率（SRAMは長らく約1000FITといわれてきました）で発生すると考えられます。

メモリセルがα線の入射を受けると、電子－正孔対を生成し、その影響で電荷が失われてメモリ情報が反転する現象がよく知られています。1ビットセルの反転（SEU：Single Event Upset）はECC（Error Correction Code）により検出／訂正が可能です。複数ビットも対応可能なECCもありますが、検査ビットと呼ばれる付加情報を増やす必要があり、情報記憶の効率が低下する関係にあります。

最近では論理回路におけるソフトエラーも問題になってきており、これは修復が困難なので問題とされています。また、あるワード内の複数ビットが同時反転するケース（バーストモード）もあり、半導体デバイスの微細化とともに深刻化しつつあります。ECCの詳細は第5章5.2で説明します。

一般的なソフトエラーの対策としては下記があります。

イ) パッケージ材料や配線材料の改善で発生するα線量を低減
ロ) チップ表面にコーティングして、パッケージ材料から照射するα線を阻止
ハ) メモリデバイスの耐α線強度を強化
ニ) より強力な誤り訂正符号の使用

コラム   Column

FPGAのソフトエラー

　FPGAはコンフィギュレーションメモリと呼ぶ1ビット列からなるSRAMに論理構成情報を格納します。SRAMの内容が反転すると、そのビットが表す論理が書き換えられることになり、深刻な事態を招きます。そこでFPGAに最初に書き込まれる一連のコンフィギュレーションデータに対して、1個または複数個のCRC (Cyclic Redundancy Check) 値を計算し覚えておき、FPGAに搭載されたエラー検出回路がバックグランドでそのCRC値を定期的にチェックします。

　エラーを検出した場合は、訂正もしくはコンフィギュレーションデータの再ロードを行います。CRC (巡回冗長検査) は図に示すようなハードウェア回路で実現できます。

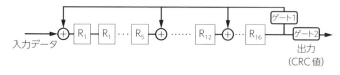

図　CRC回路 (誤り有無判定部) の例

多項式の $(x^{16}+x^{12}+x^5+1)$ での割算による剰余計算に相当

③　熱暴走

　回路の温度特性によって、発熱温度がある値を超えるとますます発熱量が増大する、いわゆる正帰還で温度が上昇する場合があります。そうした場合、ホットスポットを形成して瞬時の破壊に及んだり、ヒートシンクや冷却ファンなどによるデバイスの放熱系の能力が発熱量よりも少ない場合に、ある程度の時間経過後に破壊したりする場合があります。こうした現象を熱暴走と呼びます。

　例えば、バイポーラトランジスタは温度上昇に従って、より電気が伝導しやすくなる性質を持っています。このため、いったん温度上昇が生じると、より大きな電流が流れ正帰還を招きます。大電力を生じるバイポーラトランジスタのパッケージには表面積を大きくするため放熱フィンを付けたり冷却ファンで冷やしたりします。

　歪みシリコン技術は電子の移動速度を加速する技術として高速デバイスで使用されますが、温度変化に非常に敏感で、温度が上昇すると回路定数が変化してしまい、正常な機能を喪失する恐れがあります。このため通常のデバイスよりもきめ細かな温度管理が必要となります。

④　ラッチアップ

　サージ等の外来ノイズが原因で、CMOSデバイス内部に寄生的に構成されたバイポーラ型のサイリスタがターンオンし過大な電流が流れ続ける現象をラッチアップといいます。電源を切ると現象は停止します。

　ラッチアップに対する耐性を保証するために、パルス電流を注入したり、電源過電圧を与えたりする試験が行われます。

コラム　　　　　　　　　　　　　　　　　Column

ちっともフリーでない鉛フリーはんだ

　表面実装のBGA (Ball Grid Array) パッケージでは、小さなはんだボール電極が並んでおり、実装面積が小さくすむため多ピンのLSIに利用されています。しかしはんだ付け不良や劣化による品質上の問題が多く、しかも、はんだ付けすると接合面が見えなくなってしまい外観検査が困難です。そこでBGAでは、パッケージ封じ後にX線透視による信頼性評価試験が行われています。

　もう一つ品質に関わる事柄として、鉛フリーはんだがあります。鉛フリーとは鉛を使わないという意味です。鉛成分の毒性による環境対策として特定用途以外の使用が難しくなり、EU (欧州連合) では電子・電気機器における特定有害物質の使用制限として2003年にRoHS指令が交付され、指定値を超えた電子・電気機器の市場投入が禁止され、鉛フリーはんだ化が急速に進みました。

　鉛フリーはんだは従来の鉛はんだに比べ機械的強度が強く電気抵抗が小さいなどの利点もありますが、粘度が高いため濡れ性が悪く、酸化が進みやすい欠点があります。

　筆者も鉛フリーはんだに変えたときには基板に付着しにくく感じました。新しいこて先が、あっという間に酸化したのにも驚きました。使用後はこて先をはんだで覆っておくとの常識を知らなかったせいですが。現在様々な鉛フリーはんだが出回り、材料の改善も進んでいますが、使用時は慎重に品質評価の必要があります。

図　はんだ濡れ性の説明

5.1.2 故障原因の解析

ワイブル確率紙による故障率の推定の前に、まず故障デバイスの故障モードを調べる必要があります。

故障デバイスは、何らかの試験でフェールするか、あるいは異常値を示すデバイスです。故障モードを解析するには故障箇所を特定する必要がありますが、いきなりデバイスを分解しても、故障箇所を見つけることは難しいので、通常は以下の手順を踏みます。

(1) 試験結果の解析

メモリデバイスの故障では、規則的なメモリ構造に対応したテストからフェールビットマップ (FBM) を得ます。通常は、FBMの人手による解析により、故障したメモリセルと故障モードを得ます。

論理デバイスの故障では、テスト条件によってパス／フェール結果が異なるような特性的な故障は、まずシュムー解析を行い故障の特徴を把握します。

スキャンテストでフェールする場合はスキャンテストを利用した故障診断ツールで箇所を絞り込みます。最近のツールはレイアウト情報を用いて物理的候補箇所の指摘や不良タイプの指摘も行えるものがあります。

また、物理解析装置を用いた非破壊のデバイス観測も有効な手段です。電気的プローブ、光、電子、イオン、X線、超音波などの多彩な手段で異常を観測します。

最後に故障の物理的な原因を特定するため破壊的な物理観測が行われます。これは故障が存在すると思われる箇所まで配線層を削ったり、装置での観測のためにコンタクト箇所を設けたりした後に観

測を行います。

(2) シュムー解析

　通常のLSIは、テスト条件パラメータの値によってそのパスとフェールの領域が分かれます。テスト条件を決める2つのパラメータとその値の変動範囲を決めて、それらの各組合せ条件でのパス／フェール結果を2次元的に表示したものをシュムープロット図(Shmoo Plot)、もしくは単にシュムー図と呼びます。

　通常のデジタルテスタにはシュムー解析の機能が付帯していますが、条件ごとにパス／フェール測定を行うので多大な時間がかかります。このため生産テストでは用いられず、故障原因の解析や動作保証範囲の確認によく使われます。

　パラメータの組み合わせとしては、印加電圧とクロック周期がよく用いられます。論理デバイスでは印加電圧が大きいほど、またクロック周期が長いほどパスしやすいことが知られています。図5-7は正常品のシュムー図、図5-8、9、10は故障品のシュムー図例を示します。

　図5-7は典型的な例でF点はフェール、P点はパスを示します。印加電圧が大きくクロック周期が長い右上の領域でパス、逆に左下ではフェールしています。

　図5-8は、図5-7に比べて比較してパス／フェールの境界が右上方向にシフトしています。これは回路の動作速度が遅くなっていることを示すので、遅延故障の可能性が高いと思われます。

　図5-9は、クロック周期が長くても印加電圧が一定値より高くなるとフェールする現象を示しています。高電圧で動作不良を起こすので、遅延故障ではなく、何らかのノイズ起因の故障の可能性を示

唆します。

図5-10は、電圧依存性は図5-7と変わりませんが、クロック周期が長いときにフェールする現象を示しています。長い時間が経つとおかしくなるので、原因の１つとしてダイナミックノードに関する回路内のリークに関する問題などが考えられます。クロックが遅いためにリークによりノード電位状態が変化してしまう故障です。このような故障は温度を上げると、より顕著に現れます。

クロック周期ps ＼ 印加電圧V	0.6	0.7	0.8	0.9	1.0	1.1
100	P	P	P	P	P	P
95	P	P	P	P	P	P
90	P	P	P	P	P	P
85	P	P	P	P	P	P
80	P	P	P	P	P	P
75	F	P	P	P	P	P
70	F	F	P	P	P	P

図5-7　シュムー図の例(A)

クロック周期ps ＼ 印加電圧V	0.6	0.7	0.8	0.9	1.0	1.1
100	P	P	P	P	P	P
95	P	P	P	P	P	P
90	P	P	P	P	P	P
85	F	P	P	P	P	P
80	F	F	P	P	P	P
75	F	F	F	P	P	P
70	F	F	F	F	P	P

図5-8　シュムー図の例(B)

クロック周期ps ＼ 印加電圧V	0.6	0.7	0.8	0.9	1.0	1.1
100	P	P	P	P	F	F
95	P	P	P	P	F	F
90	P	P	P	P	F	F
85	P	P	P	P	F	F
80	P	P	P	P	F	F
75	F	P	P	P	F	F
70	F	F	P	P	F	F

図5-9　シュムー図の例(C)

クロック周期ps ＼ 印加電圧V	0.6	0.7	0.8	0.9	1.0	1.1
100	F	F	F	F	F	F
95	F	F	F	F	F	F
90	F	F	P	P	P	P
85	P	P	P	P	P	P
80	P	P	P	P	P	P
75	F	P	P	P	P	P
70	F	F	P	P	P	P

図5-10　シュムー図の例(D)

(3) 非破壊の故障解析技術と故障解析装置

チップを物理的に分解することは、狙った箇所以外は破壊してしまうことでもあります。貴重なデバイスが無駄にならないよう、ソフトウェアによる故障診断および物理解析装置による非破壊解析などの様々な手段を用いて故障を絞り込み、しかる後に速やかに正確な物理解析結果を得ることが求められています。代表的な技術および装置を示します。

① OBIRCH (Optimal Beam Induced Resistance Change)

電流経路を可視化し、異常の有無を観測できます。レーザビームで電流経路を加熱すると抵抗変化が生じ、電流あるいは電圧変化を観測することで、高抵抗、ボイドあるいはショートなどを発見できます。波長が1.3μmのレーザを用いるものをIR-OBIRCHと呼びます。

② エミッション顕微鏡 (Photo Emission Microscope：PEM)

異常発光源を観測できます。P-N接合のリーク、ゲート絶縁膜のリーク、配線間ショートによる熱放射などを発見できます。

③ 電子ビーム (Electron Beam：EB) テスタ

配線の電位を直接観測できます。電子ビームを配線に照射するときに発生する二次電子の量が配線の電位により異なることを利用して、電位分布像と電位波形を取得します。

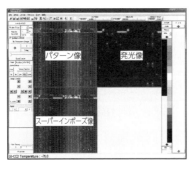

図5-11　PEMによる解析例（浜松ホトニクス株式会社提供）
　　　　PHEMOS1000と発光像の表示例

④　液晶法

局所的な発熱を観測できます。偏光顕微鏡で液晶を塗布した電圧印加状態のデバイス上での異常発光を見つけます。IDDQ試験での不良デバイスは、局所的に異常電流が流れていることが多いのですが、液晶法は容易に異常箇所を観測できるのでよく使われています。

(4) 破壊を伴う故障解析技術と故障解析装置

実際の故障箇所の特定ができると、次は直接に故障の構造や成分分析を行うがあります。代表的な技術および装置を示します。

①　集束イオンビーム (Focused Ion Beam：FIB)

デバイスの故障箇所を微細加工することができ、断面出しと観察、あるいは他の解析技術の前処理として用いられます。加工は、イオン照射による金属や絶縁物の堆積、あるいは高エナルギーイオンの照射による原子などのスパッタリング（金属表面から原子が飛び出すこと）を行います。

② 走査電子顕微鏡 (Scanning Electron Microscope：SEM)

形状と電位の観察を行います。電子ビームを照射したときに発生する二次電子が、表面形状や電位で散乱の方向や量が異なる性質を利用して、形状のコントラストや電位コントラストを作成します。

③ 透過電子顕微鏡 (Transmission Electron Microscope： TEM)

観察対象は100nm程度の薄い試料としておく必要があります。試料に対して高い加速電圧の電子ビームを透過させて結像を観察可能にします。

④ ナノプロービング

配線層を除去して拡散層と電極だけとなった故障箇所を、直接に細い針で接触し、電気的特性を計測します。SEMを併用してSEM像を観察しながら行うこともあります。

(5) パッケージの故障解析技術と故障解析装置

デバイスのピンの入出力異常は、ショートや断線、あるいは剥離やクラックなどのパッケージ故障、もしくはチップの入出力回路の故障がまず疑われます。パッケージは開封すると、故障箇所が破壊され原因が不明となる可能性があるため、非破壊解析を最初に行います。故障箇所が見つからない場合は、開封し故障原因がパッケージかチップかをプロービング等で切り分けます。チップ内はOBIRCH等でパターンの接続状態を電気的に確認するのも有効です。非破壊の代表的な解析技術を以下に示します。

① X線透視

X線透過によりパッケージ内部を監察します。

② 超音波探傷法

水中で超音波ビームの反射を観察し、剥離やクラックなどを検出します。

③ TDR法 (Time Domain Reflectometry)

信号線に入力した高周波パルスが反射し戻るまでの時間から、断線やショート箇所を推定します。TDRはパッケージ解析に限らず、基板など比較的大きな部品の解析に有効です。

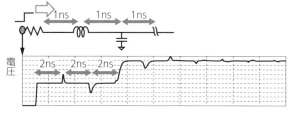

図5-12　TDRによる解析例

反射波形で観測する時間差は実際の距離の倍になることに注意

コラム

FIBは困ったときの頼みの綱！

　FIBは少量の配線の削除や新たな結線などが可能です。数カ月かかってでき上がってきた半導体デバイスには、さっそく設計が正しかったかどうかのデバッグが行われます。不幸にして論理のミスが見つかったとき、レイアウトデータを修正して再製造を依頼すると、また数カ月待たないといけません。しかしよく検討すると、数本の配線を切断したり、あるいは接続したりすると応急処置が可能な場合があります。そんなとき、設計者は自分のデバイスを抱えてFIB加工室の扉をそっと叩くのです。

　FIB加工には、加工したい配線層がデバイス表面から観測可能という前提条件はありますが、配線層の少なかった昔の半導体デバイスでは、結構こうした論理修正が行われていました。もちろん信頼性は問題があるので、デバッグをさらに先に進めるための目的です。

　通常は数本の配線の加工ですが、なかには数十本の加工を行った強者もいて、社内で語り草になったものです。FIB加工による論理修正がしやすいように、レイアウト時に配線はできるだけ上層に出しておくような工夫もありました。現在のように多数の配線層を使用するようになると、こうしたことは大方昔話になってしまいました。マスクデータを払い出す前に十分な論理シミュレーションで検証を行うことが重要なのはいうまでもありません。

5.2 信頼性を確保する

　システムに要求される信頼性を確保するには、信頼性を定量的に表現する信頼度の解析が重要な役割を果たします。

　信頼度解析は、システム全体に要求される信頼性から、システムを構成する個々のサブシステムの信頼性の要件を導出するため、あるいは逆に、個々のサブシステムの信頼度からシステム全体の信頼度を評価するためなどに用いられます。

　半導体デバイスの信頼性の確保には、その前提として高い初期品質が求められます。初期品質確保には、高い製造歩留まりにより半導体デバイス自体の品質を上げることと、実質的に高い故障検出率の出荷試験を行うことで、良品と不良品をより正確に判別し、不良品のすり抜けを防ぐことが重要です。

　第1章1.4で紹介したように、電力考慮型テスト手法が広く利用されていますが、逆に必要以上にテスト電力を下げてしまうと不良品を良品と判定し、テスト見逃しが生じます。適切な消費電力でのテストが重要です。

　また、出荷時には良品でも、経年劣化により使用期間中に故障する、あるいは静電破壊やソフトエラーなどの偶発的な故障が発生することもあります。そこで、市場で使用期間中のデバイスに繰り返し専用の試験を行い、信頼性を高める取り組みが行われています。

　具体的には、メモリ回路に対しては誤り検出や訂正あるいは修復などの技術、論理回路などに対しては異常検出や製造テストを活用した技術が使われていますが、詳細は次節以降で説明します。

コラム　　　　　　　　　　　　　　　Column

信頼性と安全性

　信頼性と並んで重要な概念として安全性があります。安全側面を国際規格に導入するためのガイドラインであるISO/IEC Guide 51：2014 (Safety aspects — Guidelines for their inclusion in standards) では、安全を「許容できないリスクがないこと」と定義しています。

　信頼性と安全性は似ているようで異なります。安全性が高いからといって、信頼性が必ずしも高いわけではありません。例えば、動かない自動車はリスクが低く安全だといえますが、要求された機能を果たすことができないので信頼性は低下しています。

　国際規格では、安全とはリスクはあってもそれが受け入れられる程度に抑えられた状態としています。リスクが受け入れられるかどうかは、その重大度、発生頻度、回避可能性を組み合わせて評価されます。例えば、走行中の車に隕石が落ちて人が亡くなるというリスクは、重大度が大きく回避可能性も小さいですが、発生頻度がとても小さいためリスクは受け入れ可能だと考えられます。

　信頼性と安全性に関わる概念として、機能により安全を確保するという「機能安全 (functional safety)」という考え方があります。

　安全性の考え方では、人間や環境に危害を及ぼす原因そのものを低減あるいは除去することを本質安全といい、機能的な工夫で許容できるレベルの安全を確保することを機能安全といいます。機能安全とは、システムに不具合や問題が発生したとしても、被害を抑える機能を追加することで安全を確保しようとする考え方です。機能安全を確保するためのシステムでは、機能が遂行できること、すなわち、システムの信頼性が高いことが安全性につながります。

5.2.1 半導体の信頼度の計算

(1) 信頼度計算の基本

JIS Z 8115：2000では、信頼性が保証される確率である信頼度は「アイテムが与えられた条件の下で、与えられた時間間隔に対して、要求機能を実行できる確率」とされています。

半導体製品を t 時間使用する期間を考えると、半導体製品の信頼度は t 時間使用した後に正常に動作している良品の割合となり、逆に、正常に動作しない不良品の割合は不信頼度と呼ばれます。信頼度を $R(t)$、不信頼度を $F(t)$ と表すと $F(t) = 1-R(t)$ となります。

また、t 時間経過後に単位時間当たりに故障が発生する確率である故障率 $f(t)$ は5.3式で表されます。

$$f(t) = \frac{dF(t)}{dt} \quad (5.3式)$$

さらに、修復等を行わない場合の製品の寿命を表す平均故障寿命（MTTF：Mean Time To Failures）は5.4式で表されます。

$$MTTF = \int_0^t tf(t)\,dt \quad (5.4式)$$

(2) メモリの信頼性

半導体メモリは、複数のワードを格納し各ワードは複数のメモリセルから構成されます。α線、中性子線などがメモリセルに衝突しセルの値が反転する現象はソフトエラーと呼ばれます（図5-13）。

メモリが故障したり、ソフトエラーが発生したりすると、データ

が破壊され、メモリの機能が損なわれてしまいます。そのため、誤り訂正符号 (ECC : Error Correction Code) やスクラビングを用いた信頼性を向上させる対策が施されています。

① ECCを用いない場合の信頼度の計算

メモリがECCなどのエラー対策をしていない場合、メモリセルが1ビットでも反転すればメモリワード、およびメモリ全体の信頼性は損なわれます。

n個のメモリセルからなるnビットワードを考えます。時刻0でn個のメモリセルは正常に動作しているとします。時刻0で正常に動作するメモリセルが時刻tまで正常に動作する確率、すなわち、時刻tにおける信頼度がpであるとすると、ワードの信頼度はp^nとなります。さらに、メモリがN個のワードを格納するとすると、メモリの信頼度はp^{nN}と計算されます。

メモリセルの信頼度は、微細化が進むにつれ低下する、すなわち、pの値が減少すると考えられます。また、メモリの大規模が進むとn, Nの値は大きくなります。すなわち、最先端プロセスによる大規模メモリでは、その信頼度が低くなると考えられ、高信頼性を確保するにはECCなどの対策は必須であると考えられます。

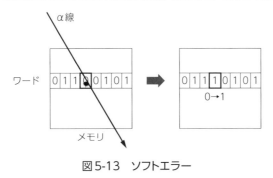

図5-13　ソフトエラー

② ECCを用いる場合の信頼度の計算

ECCは元データに冗長ビットを付加した符号化を行い、符号化したデータをメモリに格納します。メモリからデータを読み出す際には、ECCの機能に応じて、符号化データのビット誤りを訂正して正しいデータを復号します (図5-14)。

ECCとして、ハミング符号や拡張ハミング符号がよく用いられています。元データ長nが、自然数mに対し、$n = 2^m$の形で表されるとします。ハミング符号では、nビットのデータに$\log_2 n + 1$ ($= m + 1$) ビットの冗長ビットを付加することで、1ビットの誤りを訂正することが可能です。

さらに、拡張ハミング符号では、$\log_2 n + 2$ビット ($= m + 2$) の冗長ビットを付加することで、1ビットの誤り訂正と2ビット誤りの検知が可能です。図5-14では、kが冗長ビット数を表します。

元データが2^mビットからなるワードの信頼性を考えてみます。メモリは拡張ハミング符号による誤り訂正機能を持つとします。

このとき、符号化されたデータは冗長ビットをm + 2ビット含む$2^m + m + 2$ビットで構成されます。時刻0で正常に動作するメモリセルが時刻tまで正常に動作する確率はpであるとします。各メモリセルは時刻0で正常に動作するとしたとき、1ワードが時刻tまで正常に動作する確率、すなわち時刻tでのワードの信頼度R (t) は以下のように計算することができます。

1ワードが正常に動作するのは、符号化語のワードのすべてのビットが正常であるか、1ビットのみにエラーが生じている場合です。1ビットのエラーが生じるメモリセルの候補は$2^m + m + 2$通りあるので、時刻tでの1ワードの信頼度は、

$$R(t) = {}_{2^m+m+2}C_1(1-p)p^{2^m+m+1} + p^{2^m+m+2} \qquad (5.5式)$$

と計算されます。

例えば、m = 5 の場合、すなわち、実データが 32 ビットワードの場合、冗長ビットが 7 ビット付加され符号化したワード長は 39 ビットになります。このときの 1 ワードの信頼度は、

$$R(t) = {}_{39}C_1(1-p)p^{38} + p^{39} \qquad (5.6式)$$

と計算されます。

ワードに値を書き込んだ後、長時間アクセスがないと、複数ビットにソフトエラーが生じて 1 ビット訂正可能な ECC では訂正ができなくなる場合があります。これを防ぐために、ユーザーからアクセスがなくてもシステム側で定期的にメモリにアクセスし、誤り訂正を行った値を再び書き込む処理がなされることがあります。この処理をスクラビングといいます (図 5-14)。

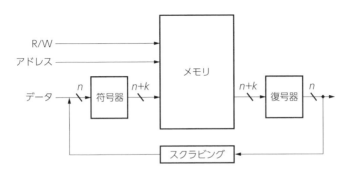

図 5-14　ECC とスクラビング機能を持つメモリ

5.2.2 システムの信頼度の計算

システムが、いくつかのサブシステムから構成される場合、サブシステムの信頼度を組み合わせてシステム全体の信頼度を求めることができます。

システムを構成するすべてのサブシステムがすべて正常に機能するときのみシステムが正常に機能するとき、システムは直列系であるといいます。

一方、どれか1つのサブシステムが正常に機能すれば、システム全体も正常に機能するとき、システムは並列系であるといいます。

直列系、並列系は、それぞれ、図5-15、図5-16の信頼性ブロック図で表すことができます。

サブシステム S_i ($i = 1,\cdots,n$) の信頼度を R_i とします。ここでは、サブシステムが正常であるかどうかは互いに独立あるとします。直列系のシステムの信頼度 R_s は、5-5式に表すように、各サブシステムの信頼度の積として表されます。

$$R_s = R_1 \times R_2 \times \cdots \times R_n = \prod_{i=1}^{n} R_i \qquad (5.7式)$$

直列系では、信頼度が低いサブシステムがあると、システム全体の信頼度も大きく低下します。直列系の信頼度を向上させるには、信頼度が最も低いサブシステムを見つけ、その信頼度を向上させる対策をすることが重要になります。

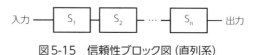

図5-15　信頼性ブロック図（直列系）

並列系のシステムでは、すべてのサブシステムが正常に機能しないときのみシステムも正常に機能しないため、その信頼度R_pは、以下の5.8式で表されます。

$$R_p = 1 - \prod_{i=1}^{n}(1 - R_i) \qquad (5.8式)$$

並列系の信頼度はそのサブシステムの信頼度を下回ることはありません。並列系の信頼度を向上させるには、信頼度が高いサブシステムの信頼度を向上させると効果的にシステム全体の信頼度を向上させることができます。

例えば、サブシステムの1つの信頼度を10%向上させることができる場合、信頼度が低いサブシステムの信頼度を10%向上させるより、信頼度が高いサブシステムの信頼度を10%向上させる方が、システム全体の信頼度をより向上させることができます。

並列系の信頼度を向上させるには、信頼度を向上させる余地が残っているサブシステムから信頼度が低いサブシステムを見つけ、その信頼度を向上させる対策をすることが重要になります。

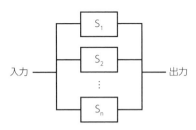

図5-16　信頼性ブロック図（並列系）

複雑なシステムの場合、サブシステムを階層的にさらに小さなサブシステムに分解し、直列と並列を組み合わせて信頼度を計算することが可能です。

図5-17では、サブシステム S_1, S_2 が直列に接続し、さらに、S_1 ではサブシステム $S_{11}, S_{12}, \cdots, S_{1n}$ が並列に接続し、S_2 ではサブシステム $S_{21}, S_{22}, \cdots, S_{2m}$ が直列に接続しています。このとき、S_{ij} ($i = 1, \cdots, n$, $j = 1, \cdots, m$) の信頼度をそれぞれ R_{ij} とすると、サブシステム S_1 の信頼度は $1 - \prod_{i=1}^{n}(1 - R_{1i})$、サブシステム S_2 の信頼度は $\prod_{j=1}^{m} R_{2j}$ となり、システム全体は S_1 と S_2 が直列に接続するため、その信頼度は $(1 - \prod_{i=1}^{n}(1 - R_{1i})) \cdot \prod_{j=1}^{m} R_{2j}$ となります。

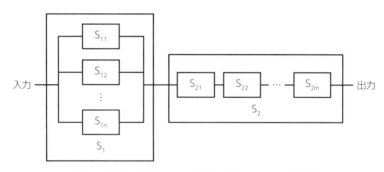

図5-17　信頼性ブロック図（複雑なシステムの場合）

ここまで、直列と並列を組み合わせて表現できるシステムを考えてきましたが、実際にはもっと複雑なシステムが存在します。例えば、信頼性向上のためにシステムを多重化する場合を考えます。

あるシステムSの三重化、すなわち、Sの複製である3つのサブシステム S_1, S_2, S_3 を用意し、さらにそれらの出力の多数決をとるサブシステム S_4 に接続するシステム構成を考えます（図5-18）。

このシステムでは、S_1, S_2, S_3のうち、少なくとも２つのサブシステムが正常に機能し、さらにS_4が正常に機能すれば、システム全体も正常に機能します。３つのサブシステムのうち、少なくとも２つのサブシステムが正常に機能するのは、３つのうち２つが正常に機能するか、もしくは３つとも正常に機能する場合です。S_1, S_2, S_3の信頼度をR_{123}、S_4の信頼度をR_4とすると、システム全体の信頼度Rは以下の5.9式で表すことができます。

$$R = (_3C_2 (R_{123})^2 \cdot (1 - R_{123}) + (R_{123})^3) \cdot R_4 \quad (5.9式)$$

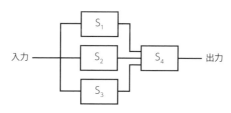

図5-18　３重化システムの構成図

5.2.3　機能安全と信頼性

(1) 安全の考え方

　製品の安全性は社会に大きな影響を与えることから、安全設計の重要性が注目されています。ISO/IEC Guide 51：2014では、安全の基本概念を明確化するために、安全に関わる用語を以下のように定義しています。

- 危害：人への障害若しくは健康障害、または財産および環境の受ける損害
- ハザード：危害の潜在的な源
- 危険事象：危害を引き起こす可能性がある事象
- リスク：危害の発生確率およびその危害の程度の組み合わせ（発生確率には、ハザードへの暴露、危険事象の発生、および危害の回避または制限の可能性を含む）
- 許容可能なリスク：現在の社会の価値観に基づいて、与えられた状況下で、受け入れられるリスクのレベル
- 安全：許容できないリスクがないこと

　さらに、世の中に「絶対に安全である」はあり得ないという観点から、製品設計に際しては、安全でない要因を洗い出し分析するリスクアセスメントと、リスク低減策の反復プロセスによって許容可能なリスクを達成するという考え方が示されています。

　具体的には、ハザードの同定、リスクの見積もり・評価、リスクの低減策決定というサイクルを回して、許容可能なレベルまでリスクを低減していくという考え方です。

(2) 機能安全国際規格

　安全性の考え方について、人間や環境に危害を及ぼす原因そのものを低減あるいは除去することを本質安全といい、機能的な工夫で許容できるレベルにリスクを低減することを機能安全といいます。

　電気・電子・プログラマブル電子安全関連系に関する国際規格として、IEC61508が策定されています。ここで、電気・電子・プログラマブル電子安全関連系とは、システムに生じるリスクを低減するために付加的に取り付けられた電気・電子・プログラマブル電子技術を用いた安全関連系で、例えば、自動車の自動停止システムやエアバッグなどが該当します。

　自動車分野の機能安全に特化した国際規格としてはISO26262が策定されており、自動車用半導体デバイスの開発にあたっての重要なガイドとなっています。

　機能安全では、各ハザードに対しリスクアセスメントを行い、安全の達成目標である安全度水準（SIL：Safety Integrity Level）を定め、そのレベルに応じて必要な安全技術や対策を導入します。

　ハザードは、システムに生じる故障によって引き起こされます。故障は、ランダムハードウェア故障とシステマティック故障（決定論的原因故障）に分類されます。

　前者は、物理的な劣化のメカニズムによってハードウェアに生じ、後者は設計や製造、運用における特定の誤りが原因であり、ハードウェアだけでなくソフトウェアにも起こり得ます。2種類の故障は、それぞれ異なった性質を持っているので、安全の確保のためには両者への適切な対策が必要とされます。

① IEC61508でのSILの考え方

IEC61508では、ハザードの同定、リスクアセスメントの結果、それぞれの安全関連系に安全機能とSILを割り当てます。

安全関連系の故障モードには、故障が発生することで安全関連系の安全機能を喪失させ得る危険側故障と、故障が発生することで安全機能が喪失することはない安全側故障とがあります。

SILとは、安全関連系に危険側故障が発生し安全機能を失う確率的尺度であり、SIL1, SIL2, SIL3, SIL4の4つのレベルの規定があり、SIL4が最高の安全度水準です。SILは、エアバッグのように動作要求が少ない低頻度作動要求モード、および、ブレーキのように動作要求が多い高頻度作動要求モードの2種類のシステム運用モードごとに表5-1のように基準値が設けられています。

表5-1 SIL (IEC61508)

SIL	低頻度作動要求モード運用 (動作要求あたりの 機能失敗平均確率)	高頻度作動要求モード または連続モード運用 (安全機能の危険側失敗の 平均頻度 [1/時間])
4	10^{-5}以上10^{-4}未満	10^{-9}以上10^{-8}未満
3	10^{-4}以上10^{-3}未満	10^{-8}以上10^{-7}未満
2	10^{-3}以上10^{-2}未満	10^{-7}以上10^{-6}未満
1	10^{-2}以上10^{-1}未満	10^{-6}以上10^{-5}未満

② ISO26262でのASILの考え方

ISO26262は機能安全規格（IEC61508）の自動車分野向けのサブ規格と位置づけられます。基本的な考え方はIEC61508を踏襲していますが、自動車に特化したハザード分類や、自動車向け安全度水準の規定など、自動車分野に関する、システム、ソフトウェア、ハードウェアの各開発段階に規定を設けています。アイテムの機能不全（故障）が引き起こすハザード分析ではFMEA（Failure Mode and Effect Analysis）などの分析手法が使われます。

ISO26262では個々のハザードに対して要求される安全度水準（Automotive SIL, ASIL）を評価します。ASILはAからDの4段階がありDが最も厳しい水準です。具体的には、以下の分類にしたがって危害の重大度、運用状況における曝露可能性（発生頻度）および回避可能性を評価しASILを決定します。

・危害の重大度の分類

S0	S1	S2	S3
障害なし	軽から中程度の障害	重症だが命に別状はない	致命的な障害

・運用状況における曝露可能性の分類

E0	E1	E2	E3	E4
可能性がない	可能性は非常に低い	可能性は低い	可能性は程度	可能性は高い

・回避可能性の分類

C0	C1	C2	C3
一般に回避可能	簡単に回避可能	通常は回避可能	回避困難・回避不能

同一のシステムに複数のハザードが存在する場合は、最も厳しいASILの段階を対象システムに割り当てます。ASILが割り当てられない比較的危険性の低いハザードにはQM（Quality Management）を割り当て、安全要求は特に存在しないものの適切な品質管理を求めます。

ISO26262では、ランダムハードウェア故障による安全目標値を逸脱する確率の最大値を評価するため以下に示す定量的な目標値を定めています。ランダムハードウェア故障の目標値としてASILのレベルは、目標の時間当たり故障率で、

A：規定されず、B：10^{-7}以下、C：10^{-7}以下、D：10^{-8}以下

とされています。

これらの値を用いて安全性を評価するか、もしくは類似の十分信頼できる市場データ等を用いて評価することが求められています。

③ ISO26262での診断検出率の評価

ISO26262-5 Annex Dには組み込み自己診断テスト手法とそれらの診断検出率を検討する上での考え方の指針が紹介されています。いくつかハードウェア関係を列挙します。

・オンラインモニタリング (On-line monitoring)
　通常のオペレーション動作をモニタし、故障を検出します。システムの応答時間モニタなどが例にあります。

・比較器 (Comparator)
　互いに独立なハードウェアまたはソフトウェアの出力信号を周期的または連続的に比較します。

- 多数決回路 (Majority voter)

  3個以上のチャンネルを多数決で比較し、故障の検出とマスクを行います。

- ハードウェア自己テスト (Self-test supported by hardware)

  ハードウェアの付加的回路で高い検出率の自己テストを行います。通常はパワーオンやパワーダウン時に行います。論理BISTを使ったテストなどが例にあります。

- ハードウェア冗長回路 (HW redundancy)

  デュアルコアで同じ命令を実行させて逐次比較するような方法などを指します。

- 統合的ハードウェア整合性モニタリング (Integrated hardware consistency monitoring)

  回路の不正な状態を専用回路でモニタリングします。

- 電圧電流制御 (Voltage or current control)

  入力または出力で電圧または電流のモニタリングを行います。

- 電気的範囲のセンサ (Sensor valid range)

  センサでの測定値が正当な範囲に入っているか調べ、グランドや電源へのショート、あるいはオープンなどを検出します。

- センサ相関 (Sensor correlation)

  冗長なセンサとの相関を調べドリフトやオフセットなどを検出します。

5.3 統計情報を活用する

製造された半導体デバイスの特性は、設計値を中心に適切な範囲内のばらつきを持っています。中心値が大きくずれたり、ばらつきの幅が大きすぎたりすると、不良品や故障品が増える要因になります。本節では統計技術の基本を振り返るとともに、統計情報をテスト技術に活用する新しい動向について紹介します。

5.3.1 基本的な統計分布

本節で紹介する確率分布に関する証明等は、関連する統計学の書籍に譲り、ここでは有用な性質のみを説明します。

(1) 二項分布

2種類の結果（仮に成功S、失敗Fとする）だけが考えられる実験で、Sの確率をp、Fの確率を$1-p$とします。各回の実験が他の回の実験に影響を与えない場合を考えます。

n回の実験で、Sがx回、Fが$n-x$回となる確率は以下の式となり二項分布と呼びます。

$$f(x) = C_x^n p^x (1-p)^{n-x} \quad x = 0,1,\cdots,n \quad (5.10式)$$

確率変数Xが二項分布に従う場合、その期待値、分散は、

$$E(X) = np,\ V(X) = np(1-p) \qquad (5.11式)$$

となります。

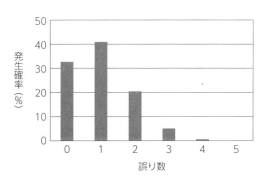

図5-18　5ビットの誤り数分布

各ビットは独立で誤り確率 $p=0.2$ とした

(2) ポアソン分布

　二項分布において、実験回数 n が大きく p が小さい場合に、近づく確率分布です。偶発的な要因に支配される稀な現象が生起する回数の発生確率はポアソン分布に従うことが知られています。このとき S が x 回発生する確率は以下の式となりポアソン分布と呼びます。

$$f(x) = e^{-\lambda}\lambda^x/x! \qquad x = 0, 1, \cdots \qquad (5.12式)$$

　確率変数 X がポアソン分布に従う場合、その期待値、分散は、

$$E(X) = \lambda, V(X) = \lambda \quad (5.13式)$$

となります。

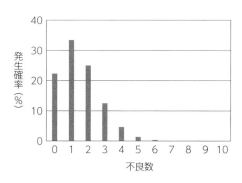

図5-19　不良数Xのポワソン分布例 ($\lambda = np$)

二項分布 ($n=1000, p=0.0015$) に対応
Xが11以上もごく小さい確率を持つことに注意

(3) 指数分布

確率変数Xが以下の確率分布$f(x)$を持つとき指数分布といいます。

$$f(x) = \lambda e^{-\lambda x} \quad x \geq 0 \quad (5.14式)$$

偶発的な要因に支配される現象が起きてから、次の現象が起きるまでの待ち時間は指数分布に従うことが知られています。偶発的な故障率が一定の場合のシステムで、故障までの待ち時間もこの分布

に従います。

確率変数Xが指数分布に従う場合、その期待値、分散は、

$$E(X) = 1/\lambda, \ V(X) = 1/\lambda^2 \quad (5.15式)$$

となります。

(4) 正規分布

代表的な連続型の確率分布です。自然界の多くの現象に対してあてはまります。ランダムな多数の因子の和の分布を表すものとして、半導体デバイスの特性値の管理や誤差の分布、および品質管理などに用いられています。

また、ランダムな測定誤差を表現していることから、誤差関数とも呼ばれます。正規分布の密度関数は、

$$f(x) = \frac{1}{\sqrt{2\pi}\sigma} exp\{-(x-\mu)^2/2\sigma^2\} \ -\infty < x < \infty \quad (5.16式)$$

となります。

確率変数Xが正規分布に従う場合、その期待値（平均）、分散は以下のようになります。

$$E(X) = \mu, \ V(X) = \sigma^2 \quad (5.17式)$$

確率変数がaとb($a<b$)の間の値をとる確率は5.18式を用いて

$$\int_a^b \frac{1}{\sqrt{2\pi}\sigma} exp\{-(x-\mu)^2/2\sigma^2\} dx \qquad (5.18式)$$

で計算されます。

期待値0、分散1の正規分布(標準正規分布)の数値表が、多くの統計の教科書の付録に掲載されています。ただし数値表は $0 < U < \infty$ の値が書かれているので、

$$\int_a^b f(x) dx = \int_a^\infty f(x) dx - \int_b^\infty f(x) dx \qquad (5.19式)$$

として右側の2つの項の数値を表より求める必要があります。

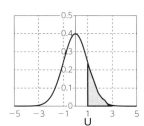

U	.00	.01	.02	.03
...	...	...	...	...
1.1	.1357	.1335	.1314	.1292
1.2	.1151	.1131	.1112	.1093
1.3	.0968	.0951	.0934	.0918
...	...	...	...	...

図5-20　標準正規分布表例(上側確率)

任意の期待値と分散の場合については、標準化変数 $Z = (X - \mu)/\sigma$ が期待値0、分散1の正規分布(標準正規分布)に従うことを利用し、Z に対して数値表を用います。

正規分布では、区間 $[\mu - \sigma, \mu + \sigma]$ には全体の約68.3%が含まれ、区間 $[\mu - 2\sigma, \mu + 2\sigma]$ には全体の約95.45%、区間 $[\mu - 3\sigma, \mu + 3\sigma]$ には全体の約99.73%が含まれます。通常は、

区間 $[\mu-3\sigma、\mu+3\sigma]$ もしくは $[\mu-5\sigma、\mu+5\sigma]$ を外れるデータは、異常値として管理されることが多いようです。これらの値はよく使うので概略値を覚えておくと便利です。

コラム　　　　　　　　　　　　　　　　　　　　　　Column

末広がりは良いことか？

半導体デバイスの多くの特性値は正規分布で近似できると考えられています。

図5-21の左側は正規分布の上側を示していますが、分散値が大きくなるに従い、分布の裾野が右へ大きく広がっていくのが見て取れると思います。これは「ばらつき」とも呼ばれます。右図では、裾野が広がると欠陥の分布との区別が難しくなることのイメージ図です。微細加工での酸化膜などでは、分子レベルで数が制御されるようになると分散も大きくなることが数学的にも説明されており、製造工程の管理や製造試験はますます難しくなりつつあります。

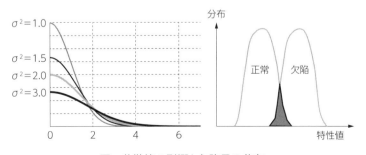

図　分散値の影響と欠陥品の分布

5.3.2 統計情報をテスト・評価に活用

統計情報は生産工程での多様な特性指標の管理に使われていますが、これについては『はかる×わかる半導体 入門編』第2章を見てください。本節では半導体のテストに対する統計手法の適用動向を紹介します。

(1) アダプティブ (適応) テストの狙い

半導体テストの基本は、決められた一連のテスト内容で試験を行うことで、一定の品質を維持し、さらに必要に応じたテスト内容の一部の追加や削除で継続的な改善を行うことだと思われていました。しかし長期間に大量に製造される半導体デバイスは、製造プロセスの変動により、内蔵する欠陥の種類や程度も変化し、微細プロセス化でその傾向はますます激しくなってきています。したがって、当初に決めたテスト内容が継続的に最適であり続けることは難しいのです。

そこで、テスト内容、テスト条件、あるいはテストフローなどを、ウェーハロットやウェーハなどの分析結果を反映し、動的に適応させていく手法が近年注目されており、これをアダプティブテストと呼んでいます。

(2) 何を反映するか？

アダプティブテストでは、これまで工程ごとにバラバラに管理されてきた様々な情報を反映します。

前工程ではインラインテストで、ウェーハの異物分布や当該工程の特性値分布などを測定管理しデータベースに保管します。

ウェーハテスト工程では、ウェーハ内の各ダイの座標とテスト結果（パス／フェールだけでなく特性判定するテストの測定値）などをデータベースに保管します。

パッケージテスト工程では、各チップのテスト結果をデータベースに保管します。また出荷後に故障品として返却されたチップの解析情報なども重要な情報です。

従来こうした情報は個別のデータベースに格納され相互参照されることは稀だったのですが、アダプティブテストでは有機的に結合し活用します。これらの情報を各ダイやチップとリンクづけて記録するには、電子的なダイ/チップID（例えば、各ダイの上でヒューズが溶断されて記憶されるダイ固有の識別子、ウェーハ番号、XY座標とリンクされ管理される）を使用し追跡性を強化する必要があります。

(3) 何を変えるか？

アダプティブテストの実施目的は様々です。テスト品質を維持した上でのコスト削減、テストコストを維持した上での品質向上、あるいはテスト品質向上とテストコスト低減の両方の実現、市場故障の原因究明と低減などが代表的なものです。

アダプティブテストでは、製品の試験を構成する以下の要素をダイナミックに変更します。

- **試験条件**
  印加電圧やクロック周波数などの変更
- **試験フロー**
  バーンイン試験やファンクション試験などの適用有無
- **試験内容**

遅延テストやIDDQテストなどのテストパターンレベルでの追加や削除

- **試験境界**
  特性テストのパス／フェール境界値 (しきい値) の変更
- **試験結果**
  テスト結果の分析に基づいた分類 (ビン) の変更

(4) 情報伝達の方法

(2) で述べた情報の各試験への伝達の仕方は以下に分類されます。

- **同一試験工程内 (In-situ)**

試験中のデバイスから集められたデータは、同じ試験工程内での試験変更に反映されます。判定と変更の処理はリアルタイムに短時間で実施されます。例えば動作速度の等級付けでは、デバイスの正常動作可能な速度を示す試験結果が、該当デバイスの動作速度レベルに応じた試験条件への変更に使用されます。

- **フィードフォワード (Feed-forward)**

それ以前の試験工程で収集されたデータが、同じデバイスが以降の工程においてどのようにテストされるかを変更するのに使用されます。例えばウェーハテストの結果が不良の可能性が高いデバイスあるいはウェーハかの判定に使われ、パッケージテスト工程の内容が変更されます。

- **フィードバック (Feedback)**

既テストのデバイスから集めたデータが、今後の未試験デバイスの試験内容変更に使用されます。例えば製造プロセスの品質が良いと判断されるような場合には試験内容の削減が行われ、品質が悪いと判断されるような場合には試験内容の拡充が行われます。

• **試験後 (Post Test)**

オフラインでの試験工程間でのデータの統計解析を行います。例えば、データマイニング的な手法により試験済デバイスを分類し、それらデバイスに対する製造フローや試験条件の変更に利用します。

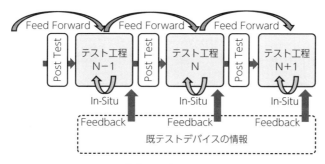

図 5-22　アダプティブテストでの情報伝達

(5) アダプティブテストの適用例

・適用例 1

バーンイン試験は専用の加速環境と長いテスト時間が必要で、テストコスト削減の障害となっています。ウェーハテストの結果が良好であれば、バーンイン試験での加速時間は短くてよいし、場合によっては省略してもよいかもしれません。

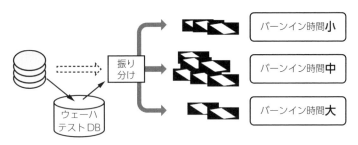

図5-23　バーンイン試験への適用

・適用例2

　標準偏差の数倍以上の外れ値を持つデバイス（アウトライヤ）は欠陥の可能性が高いとされています。こうした欠陥候補品の除去を静的なPAT (Part Average Testing) と呼びます。しかしプロセス変動により平均値がシフトしたときは当初のしきい値では多くのデバイスが外れ値と誤認識されます。

　そこで、ロット、ウェーハそれぞれに対し平均と標準偏差を再計算ししきい値を見直す手法をダイナミックPATと呼びます。さらにウェーハ内でのデバイスの周辺の値から外れ値を判断するNNR (Nearest Neighbor Residual) と呼ぶ技術も用いられています。

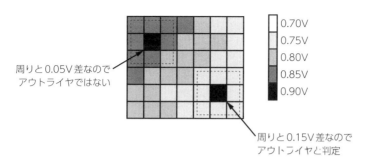

図5-24 NNR PATによる外れ値判定
(最小動作電圧テストの例)

・適用例3

製造プロセスの品質が向上してくると、いくつかのテスト項目は過剰となり削除したくなります。しかし削除後に製造プロセスが再び悪化すると、多くの不良品を出荷してしまうことになりかねません。そこで、ウェーハ内の特定のモニタ用参照ダイはフルスペックのテスト項目でテストを行い、残りのダイは削除されたテスト項目のメニューで行います。こうすると仮に製造プロセスが悪化したときは、参照ダイで検出できるので、直ちにフィードバックをかけることができます。

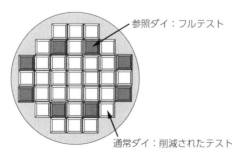

図5-25 参照ダイを使ったテスト項目の削減

(6) アダプティブテストの課題

最後にアダプティブテストのいくつかの課題を挙げます。

① サプライチェーンに跨る最適化

半導体デバイスの開発は、ファブレス会社による設計、大規模ファブによる製造、テストハウスによるテストと分業化の流れをたどっています。設計デバイスの最終テスト責任は設計会社にあるわけですが、(2) に述べた多くの情報は複数の企業に分散しています。これらサプライチェーンに跨って情報交換可能なデータベースとビジネスの仕組みが必要となります。

② オンチップテスト構造の活用

近年の半導体デバイスは多様なオンチップテスト構造とセンサ群を備えています。様々なリングオシレータ、温度・電圧センサ、モニタ用クリティカルパス、信頼性モニタなどから得られたデータをデバイスの試験内容やテストフローの変更に利用する必要があります。

③ オンチップコンフィギュレーション

特性ばらつきがますます大きくなる中で高性能のデバイスを得るためテスト時に再構成が必要になります。例えば、部分良品 (マルチコアなど)、電源や周波数の調整、および局所的クロック調整などがあります。テストデータはこれらの再構成により性能や信頼性を改善するために使用されます。

コラム

機械学習とテスト

　深層学習（ディープラーニング）をはじめとする機械学習があらゆる分野で注目を集めており、半導体デバイスのテストでも機械学習が適用されています。

　半導体デバイスのテストには様々な特性値を計測する数百にも及ぶテスト項目があります。これらは、テスト項目ごとに人間が合否のしきい値を決めていますが、機械学習を用いて横断的に計測結果の特徴などを抽出することなどで、テストの品質向上とコスト削減などを目指します。しかし、以下のような課題もあり、改善が図られています。

・次元の呪い

　多数のテスト項目からなる学習データに過適合してしまうという問題が生じます。テスト項目選択、主成分解析その他の手法で扱う特徴量の個数を適切に絞り込むことが重要です。

・プロセスばらつきと計測ばらつきの分離

　計測した特性値は製造ばらつきに加え、テスタ装置や同一装置内でのサイトの違い（同時測定テストなどでは、各ダイの配置位置により用いられるプローブ針が異なり、計測値のずれが生じます）によってもばらつきます。こうした計測環境に依存するばらつきをできるだけ除去するなどの前処置を行わないと、半導体デバイスの真の計測値の差が見えにくくなります。

・学習結果の解釈

　機械学習を用いて良品、不良品を精度良く判別できるようになっても、なぜ不良品と判断されたかがわからなければ、その結果を製造工程や設計にフィードバックさせるのが難しくなります。半導体

デバイスの品質向上には学習結果の解釈が重要となります。

　以上のような課題はありますが機械学習は品質とコストを両立させ得る有力な手法として期待されています。近い将来、機械学習が人間に代わって、最適なテスト項目やテスト仕様を決める日が来るかもしれません。

教師なし学習例：主成分解析を利用した外れ値解析　　教師あり学習例：ニューラルネットワークを用いた学習

図　テストでの機械学習の利用

5.4 セキュリティの脅威について

　暗号回路の秘密鍵などの機密情報を不正に取り出し、漏洩させるといったハードウェアセキュリティの脅威が拡大しています。

　半導体デバイスへの不正な攻撃は、破壊攻撃と非破壊攻撃に分類されます。破壊攻撃では、パッケージを剥がして回路内部を解析するなどが行われます。一方、非破壊攻撃では、正規の入出力経路から入出力を解析する手法とそれ以外の出力情報を解析する手法があり、後者はサイドチャネル攻撃と呼ばれ、電力・電磁波解析などにより半導体デバイスの内部情報を取得します。

　半導体デバイスのサプライチェーンの複雑化により、完全なトレーサビリティが得られないこともあり得ます。

　このような状況で、設計・製造時に設計者が意図しない回路が混入され秘密情報や設計データが漏洩する、機能妨害されるなど、セキュリティに関する懸念が拡大しています。

　テスト容易化設計でのセキュリティレベル低下の問題も指摘されています。

　スキャン設計などのテスト容易化設計では、回路の内部状態の可制御性および可観測性（テストでは半導体デバイスの外部入力から内部回路の状態を変化させ外部出力から応答を観測します、このやりやすさを可制御性および可観測性と呼びます）を向上させます。そのため、内部情報の漏洩を容易にしてしまう可能性があります。

　テスト容易性とセキュリティの両立も半導体テストの課題となっています。

コラム　　　　　　　　　　　　　　　　Column

ハードウェアトロイは本当に存在するのか？

　「トロイ」とは、ギリシア神話のトロイの木馬に由来しており、もともとはハードウェアだったのですが、現在では、コンピュータに悪意のある動作を行うマルウェアの一種、すなわち、ソフトウェアを指すのが一般的となっています。しかし、最近はハードウェアのトロイも脅威となっています。実際にハードウェアにトロイを混入させることは可能なのでしょうか？

　アメリカ国防高等研究計画局(Defense Advanced Research Projects Agency, DARPA)は、2007年に発表したレポート「DARPA "TRUST in IC's" Effort」で、集積回路のサプライチェーンでの脅威を指摘し、ハードウェアトロイの可能性について警鐘を鳴らしています。

　2012年に軍用に用いられるセキュアなFPGAにバックドア回路が組み込まれていることが国際会議(Cryptographic Hardware and Embedded Systems Workshop, CHES 2012)で報告されました。バックドアに特殊なキーでアクセスすることで、FPGAのコンフィグレーションデータの漏洩や改ざんが可能になることが報告されています。

　2018年には、大手ハードウェアベンダーのマザーボードに設計にはないマイクロチップが組み込まれていたという報道があり世界に衝撃が走りました。関連企業はこの報道を否定しており、真偽はわかっていませんが、指摘されたマザーボードはサードパーティにアウトソーシングされ製造されたもので、サプライチェーンへの攻撃が現実的な脅威となっています。

5.4.1 セキュリティへの攻撃

(1) 半導体デバイスの正規品への攻撃

パッケージを剥がして回路内部を解析する破壊攻撃では、解析は可能ですが、高価な解析装置や時間を要するなどコストもかかります。非破壊攻撃のうち、正規の入出力経路以外を利用して暗号回路の秘密鍵などの機密情報を盗み取る攻撃はサイドチャネル攻撃と呼ばれます。

サイドチャネル攻撃では、対策を施していない回路に安価なオシロスコープなどの測定装置での攻撃も可能であり、暗号モジュールなどでの安全性の確保が重要課題となっています。

サイドチャネル攻撃には、タイミング攻撃(処理時間解析攻撃)、電力解析攻撃、電磁波解析攻撃など、様々な攻撃方法が考えられます。

電力解析攻撃、電磁波解析攻撃には、電力や電磁波を測定して回路内での処理を解析する単純解析、測定値の差分の統計情報から秘密鍵を解析する差分解析、入出力デジタルデータのハミング距離と消費電力の相関関係を分析する相関解析などがあります。

また、スキャンチェーンを利用して内部状態を制御・観測して情報漏洩させるサイドチャネル攻撃も知られています。

暗号アルゴリズムの実装方法にも依存しますが、RSA暗号(公開鍵と秘密鍵を用いる暗号)、DES暗号(共通鍵を用いる暗号)は単純電力解析や差分電力解析でも鍵情報が漏洩する可能性があることが知られています。

AES暗号(DES暗号の後継)では、単純電力解析と差分電力解析に耐性がある実装が可能ですが、相関電力解析やスキャンチェーン攻撃による攻撃法が知られています。

① RSA暗号に対する単純電力解析

単純な暗号回路の実装では、単純電力解析でも秘密鍵が漏洩してしまう例を、RSA暗号を用いて説明します。RSA暗号は、素因数分解の困難さを安全性の根拠とする公開鍵暗号です。

暗号文cから平文mは以下の式で復号されます。

$$m = c^d \bmod n \quad (nで割った余りを求める剰余計算)\quad (5.20式)$$

ここで、dは秘密鍵でnは公開鍵に含まれる情報で、c, m, dはともに正整数です。

簡単のために剰余計算 ($\bmod n$) を省略した形で説明します。

RSA復号回路では、$c^0, c^2, c^4, c^8, c^{16}$を順に求め、これらを掛け合わせて任意の$c$の階乗を計算する回路を考えます。

例えば、秘密鍵dが2進数表記で10010 (= 16 + 2) とすると、平文は、

$$m = c^{2+16} = c^2 \cdot c^{16} \quad (5.21式)$$

となります。

c^2とc^{16}を計算した次のタイミングでは乗算を行い、c^0, c^4, c^{16}を計算した次のタイミングでは乗算を行わないことで復号ができます。

電力解析を行って乗算を行ったタイミングでの電力増加が分かれば、秘密鍵が漏洩してしまいます。

(2) 半導体デバイスのサプライチェーンでの攻撃

半導体デバイスのサプライチェーンでは、設計・製造時に設計者が意図しない設計変更や追加回路であるハードウェアトロイの混入や、設計データが漏洩し模造品が作られるなど、セキュリティに関する懸念が拡大しています。

① ハードウェアトロイ

ハードウェアトロイとは、ハードウェアに対する設計者の意図しない悪意のある設計変更や追加回路をいいます。サプライチェーンの複雑化やグローバル化により、半導体デバイスへのハードウェアトロイの混入が懸念されています。

米国国立科学財団(National Science Foundation, NSF)がサポートするTrust-Hub (https://www.trust-hub.org)では、ハードウェアセキュリティの研究用に、ハードウェアトロイの種類を図5-27に従って分類し、様々な種類のハードウェアトロイのベンチマークを提供しています。これらを活用した有効なハードウェアトロイへの対策が期待されます。

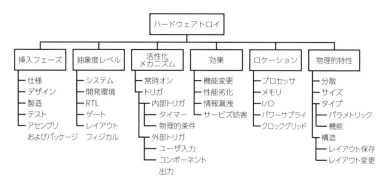

図5-27　ハードウェアトロイの分類

② ハードウェアトロイ（例）

一般に、ハードウェアトロイはペイロード回路とトリガ回路から構成されます。

ペイロード回路は、ハードウェアトロイの不正な振舞いを実行する回路で、トリガ回路はペイロード回路を発動させる信号を出力する回路です。例として、Trust-HUBで提供されているハードウェアトロイのベンチマークであるs35932-T100を示します。

s35932-T100はISCAS89ベンチマーク回路の１つであるs35932に図5-28に示すハードウェアトロイを挿入した回路です。トリガ回路は16個の入力を持ち、s35932の内部信号線と接続され、16個の信号線の値が特定の条件を満たすときペイロード回路が発動します。ペイロード回路は、通常動作モードで内部信号線（WX4332）の値をFF（図中のFF_A）に取り込み、その後スキャン試験モードにすることで、その値を外部に漏洩させることを可能にします。

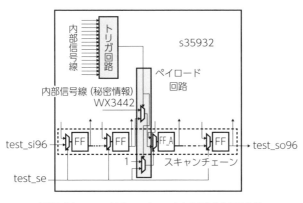

図5-28　ハードウェアトロイ（s35932-T100）

5.4.2　試験工程でのセキュリティ

テスト技術とセキュリティの関連について大きく2つを考える必要があります。1つは、ハードウェアトロイや模造品の検出にテスト技術を利用することです。もう1つは、製造試験のための技術がセキュリティの脅威とならないか考えることです。スキャン設計のセキュリティの確保などが該当します。

(1) ハードウェアトロイの検出

ハードウェアトロイは、設計時、製造時などあらゆる工程で混入される可能性があり、機能設計、ゲートレベル設計、あるいはレイアウト設計後の設計データや製造後の半導体デバイスなど様々な工程でのハードウェアトロイの検出手法が研究されています。

製造後の半導体デバイスに対する試験工程では、縮退故障や遷移故障に対する故障検出率が100%のテストパターン集合でハードウェアトロイが必ず検出される（期待と異なる値が出力される）保証はありませんし、ハードウェアトロイがどのように混入しているのかがわからないためトロイ回路を狙ったテストパターンを生成することも困難です。

そこで、電力や電磁波などのサイドチャネルを解析する検出手法も研究されています。しかし、サイドチャネルの測定値と期待値（参照値）との差異はプロセスばらつきにも起因するため、ハードウェアトロイを検出するには、プロセスばらつきによって想定される差異を十分に上回る差異を観測する必要があるといった課題があります。

この課題は、ハードウェアトロイの規模が小さい場合などは特に難しくなります。
　ハードウェアトロイ検出用のテスト生成では、トロイ回路の検出可能性を高めるために、可制御性が低い信号線に値の遷移が起きる確率を増やすために、複数種類のテストパターンを用意するなどの工夫が考えられています。
　このとき、信号線の可制御性の解析手法、N回検出テストパターン生成手法（各故障仮定点を性質の異なるテストパターンで複数回検出する手法）など、製造テストの技術を利用したテストパターン生成手法が提案されています。
　また、電力解析を行うテストでは、回路の一部だけを活性化させて電力値を低減することで、プロセスばらつきの影響を最小限に抑える工夫がなされています。このとき、第4章4.1で紹介したような電力考慮型テスト手法で用いられるテスト実行時の消費電力を制御する手法などが利用されています。

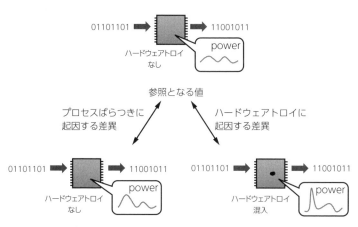

図5-29　電力によるサイドチャネル解析によるハードウェアトロイ検出

(2) 半導体デバイスの模造品の検知

半導体デバイスの模造品も大きな問題となっています。模造品の入手・製造経路は多様で、真正品を横流しや盗難により入手、不正に取得した設計データから類似品を製造、余剰在庫品など新古品を入手、電気・電子機器の廃棄物から中古部品を抽出、テスト不合格品を入手など、様々な不正な手段があると考えられます。

正規の製品と模造品を見分けるために、物理複製困難関数(Physical Unclonable Function、PUF)が利用されています。

PUFとは、デバイスのばらつきなどを利用してデバイス固有の値を出力する関数です。PUFへの入力信号はチャレンジ、出力信号はレスポンスと呼ばれ、チャレンジ系列に対するレスポンス系列はデバイス個体ごとに異なり、識別子として利用可能です。

図5-30に、アービタPUFと呼ばれるPUFを示します。

アービタPUFでは、図中左端に印加される立ち上がりの遷移が、チャレンジ信号に応じて2つの経路で右端のFFに伝搬されます。このとき、この立ち上がりの遷移の伝搬速度は製造ばらつきに依存し、D入力に先に伝搬すれば1、クロック入力に先に伝搬すれば0がFFに格納され出力されます。

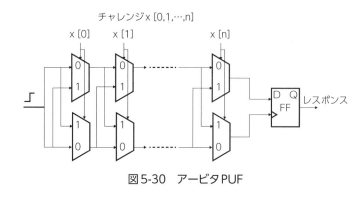

図5-30　アービタPUF

(3) セキュアなスキャン設計

スキャン設計は回路の内部状態の可観測性と可制御性を向上させるため、テスト容易化設計として広く用いられています。しかし、セキュリティの観点からは、秘密情報の漏洩を容易にするため問題があります。

そこで、セキュリティを強化したセキュアなスキャン設計が考えられています。

① テストモードの制限

電源オンのまま（FFのような揮発性セルが値を保持したまま）通常動作モードとテストモードを繰り返すことができないような設計にします。通常動作モードで鍵情報（のヒント）をFFに格納し、テストモードで回路外部に伝搬させるといった攻撃に耐性があります。

② テストモードのロック

テストモードに移行するための認証機能を組み入れます。認証に成功したときのみテストモードとなるため、スキャンチェーンの不正な利用に耐性があります。

③ スキャンチェーンのスクランブリング

スキャンシフト時にシフトされる論理値に特殊な演算を行うことで値を変更します。FFに格納された値とスキャンアウトで観測される値が異なるため、内部状態の解析が困難になります。暗号化や線形フィードバック論理などが利用されています。

参考文献 Bibliography

■第5章
- [1] 浅田邦博監修, 『はかる×わかる半導体 入門編』, 日経BPコンサルティング, 2013年.
- [2] 浅田邦博監修, 『はかる×わかる半導体 半導体テスト技術者検定3級問題集』, 日経BPコンサルティング, 2014年.
- [3] RENESAS, 信頼性ハンドブック, https：//www.renesas.com/jp/ja/support/quality-reliability.html
- [4] 二川清, 『LSI故障解析技術のすべて』, 工業調査会, 2007年.
- [5] 半導体技術ロードマップ専門委員会 活動記録, http://semicon.jeita.or.jp/STRJ/
- [6] 『統計学入門(基礎統計学Ⅰ)』, 東京大学出版会, 1991年.
- [7] 米田友洋, 梶原誠司, 土屋達弘, 『ディペンダブルシステム』, 共立出版, 2005年.
- [8] 安食恒雄監修, 『半導体デバイスの信頼性技術』, 日科技連, 1988年.
- [9] 三木成彦, 吉川英樹, 『情報理論』, コロナ社, 1999年.
- [10] 三谷政昭, 『やり直しのための工業数学』, CQ出版社, 2001年.
- [11] Edited by Dimitris Gizopoulos, *Advances in Electronic Testing*, Springer, 2006.
- [12] ISO26262 Road vehicles - Functional safety -, 2011.
- [13] ビジネスキューブ・アンド・パートナーズ, 『ISO26262 実践ガイドブック 入門編』, 日経BP社, 2012年.
- [14] 佐藤吉信, 『機能安全／機械安全規格の基礎とリスクアセスメント』, 日刊工業新聞社, 2011年.

付録

Appendix

執筆者一覧
索引

執筆者一覧 (五十音順) Authors

監修

┃浅田 邦博　[あさだ くにひろ]

東京大学名誉教授。1975年3月 東京大学工学部電子工学卒業。80年3月 同大学院博士課程修了（工博）。80年4月 東京大学工学部任官。95年 同工学系研究科教授。96年 同大規模集積システム設計教育研究センター（VDEC）の設立に伴い同センターに異動、2000年4月 同センター長、18年3月末に東京大学を退職。現在、武田計測先端知財団常任理事。この間、85～86年 英国エディンバラ大学訪問研究員。90～92年 電子情報通信学会英文誌エレクトロニクスエディタ。01～02年 IEEE SSCS Japan Chapter Chair。05～08年 IEEE Japan Council Chapter Operation Chair等々。専門は集積システム・デバイス工学。

執筆

┃井上 智生　[いのうえ・ともお]

執筆担当：第4章4.1～4.2

広島市立大学大学院情報科学研究科教授
1990年 明治大学大学院博士前期課程修了。以降、92年3月まで松下電器産業株式会社半導体研究センター。93年4月より奈良先端科学技術大学院大学情報科学研究科助手。99年より広島市立大学情報科学科助教授、2004年より現職。博士（工学）。VLSIのテスト容易化設計・合成、高信頼性設計に関する研究に従事。

┃井上 美智子　[いのうえ・みちこ]

執筆担当：第5章5.2、第5章5.4

奈良先端科学技術大学院大学先端科学技術研究科・教授
1989年3月 大阪大学大学院基礎工学研究科博士前期課程了。89年4月から91年12月まで株式会社富士通研究所勤務。95年3月 大阪大学大学院基礎工学研究科博士後期課程了、博士（工学）。95年4月 奈良先端科学技術大学院大学情報科学研究科助手、2011年4月より同教授。集積回路のディペンダビリティおよび分散アルゴリズムの研究に従事。

▍岩崎 一彦　［いわさき・かずひこ］

執筆担当：第3章3.2

首都大学東京学術情報基盤センター教授
1977年3月 大阪大学基礎工学部情報工学科卒業。79年3月同大学院博士前期課程修了。同年4月 株式会社日立製作所中央研究所勤務。工学博士。90年 千葉大学工学部助教授。96年 東京都立大学工学部教授。2005年 首都大学東京システムデザイン学部教授。13年から現職。VLSIテストの研究に従事。

▍温 曉青　［おん・ぎょうせい］

執筆担当：第1章1.4.1、1.4.3、1.4.4

九州工業大学情報工学研究院情報創成工学研究系教授
1986年7月 清華大学計算機科学技術学科卒業。90年3月広島大学大学院工学研究科博士前期課程了。93年3月大阪大学大学院工学研究科博士後期課程了、博士（工学）。93年9月から97年12月まで秋田大学鉱山学部（現工学資源学部）情報工学科講師、95年10月から96年3月まで米国University of Wisconsin–Madison客員研究員、98年1月から2003年12月まで米国SynTest Technologies, Inc.勤務。04年1月より九州工業大学助教授、07年4月より同教授。VLSIのテストと高信頼化の研究に従事。

▍梶原 誠司　［かじはら・せいじ］

執筆担当：第1章1.1〜1.2、第1章1.4.2

九州工業大学情報工学研究院情報創成工学研究系教授
1987年3月 広島大学総合科学部卒業。92年3月 大阪大学大学院工学研究科博士後期課程了。博士（工学）。92年10月から95年12月まで大阪大学工学部助手、96年1月から九州工業大学情報工学部助教授、2003年4月より同教授、2016年4月同学部長、研究院長。VLSIの設計とテスト、ディペンダブルシステムに関する研究に従事。

▌小林 春夫 ［こばやし・はるお］

執筆担当：第1章1.3

群馬大学大学院理工学府電子情報部門・教授
1982年3月 東京大学大学院工学系研究科計数工学専攻修士課程修了。1989年12月 カリフォルニア大学ロサンゼルス校電気工学科修士課程修了。1995年3月 早稲田大学 博士（工学）。産業界を経て、1997年から群馬大学にてアナログ・ミクストシグナル集積回路の設計・テスト、信号処理アルゴリズムの研究教育に従事。

▌小松 聡 ［こまつ・さとし］

執筆担当：第3章3.3

東京電機大学工学部教授
1996年 東京大学工学部卒業。98年 東京大学大学院工学系研究科修士課程修了、2001年 東京大学大学院工学系研究科博士課程修了。博士（工学）。01年より東京大学大規模集積システム設計教育研究センター助手、助教、特任准教授。14年より東京電機大学工学部准教授。15年より現職。大規模集積システムの設計技術、テスト技術の研究に従事。

▌佐藤 康夫 ［さとう・やすお］

執筆担当：第5章5.1、第5章5.3、コラム（第5章）

九州工業大学客員教授
1978年 東京大学大学院理学系研究科修士課程了、2005年 東京都立大学大学院工学研究科博士後期課程了、博士（工学）。78年4月から2009年3月まで株式会社日立製作所、03年6月から06年3月まで株式会社半導体理工学研究センター（出向）、09年4月より14年3月まで九州工業大学情報工学研究院特任教授。現在、明治大学理工学部兼任講師、電気通信大学情報理工学研究科産学官連携研究員を兼任。

▌志水 勲　［しみず・いさお］

執筆担当：第4章4.2〜4.3

技術顧問として活動
1975年 上智大学理工学部物理学科卒業。株式会社日立製作所半導体事業部、株式会社半導体先端テクノロジーズ、株式会社ルネサステクノロジにてアナログ・デジタル混載製品の研究開発、日本電産サーボ株式会社にてCAE技術開発に従事。定年後、群馬大学大学院工学研究科電子情報工学領域 博士後期課程単位取得満期退学、現在人工知能向けメモリデバイスを研究。

▌高橋 寛　［たかはし・ひろし］

執筆担当：第3章3.1

愛媛大学大学院理工学研究科・教授 博士（工学）
2010年から愛媛大学大学院理工学研究科・教授、15年から17年まで同総合情報メディアセンター長、18年から同工学部長、現在に至る。論理回路の故障検査に関する研究に従事。12年 電子情報通信学会論文賞および16年 日本信頼性学会高木賞を受賞。2016 IEEE Asian Test Symposium実行委員長。

▌畠山 一実　［はたやま・かずみ］

執筆担当：第2章、第3章3.4、コラム（第1章〜4章）

群馬大学大学院理工学府電子情報部門 協力研究員
1982年 京都大学大学院博士後期課程を修了（工学博士）。以降、株式会社日立製作所、株式会社ルネサステクノロジ、株式会社半導体理工学研究センターおよび奈良先端科学技術大学院大学にてテスト設計技術に関する研究開発に従事。現在は群馬大学大学院理工学府にてテスト設計技術を応用した研究開発に協力するとともに、日本大学生産工学部および拓殖大学工学部にて非常勤講師を担当。株式会社EVALUTOでは講師・技術コンサルタントを務める。

編集委員会

┃一般社団法人パワーデバイス・イネーブリング協会
　　　　　　　　　　　　（株式会社アドバンテスト）

秋本 賀子　　石川 法照
江越 広弥　　織笠 樹
北 一三　　　木村 伸一
佐々木 功　　佐藤 新哉
津久井 幸一　南雲 悟

索引 Index

あ

アイソレータ	88
アイ・ダイアグラム	40
アイパターン	39, 171
アウトライヤ	282
アサーションベース検証	70
アダプティブテスト	117, 118, 278, 281
後工程	104
アドレスデコーダのオープン故障	146
アナログ回路	22, 28
アナログ構造テスト	185
アナログ集積回路のテスト	28
アナログ信号	43
アナログ信号処理回路	22
アナログデバイス	208
アナログデバイスのテスト	154
アナログバウンダリスキャン	159
アナログバウンダリモジュール	159
アナログフィルタ	22
誤り訂正符号	259
アレニウスモデル	116
安全	266
安全性	257
安全動作領域	198, 229
安全度水準	267
アンチエイリアス・アナログフィルタ	51
暗電流	43
イオン注入	103
イコライズ	39
位相同期回路	36
位相ノイズ	27
位相余裕	31, 156
一般配線	65
イミュニティ	223
イメージインテンシファイア	43
イメージャ	42, 96
イメージャデバイスのテスト	175
インゴッド	95
インコヒーレントサンプリング	179
インターリーブ A/D 変換器	54
インダクティブセンサ	221
インタフェース	125
インタフェース・デバイス	38
インタフェース・デバイスのテスト	168
インピーダンス整合	33
ウェーハ	94
ウェーハ酸化	99
ウェーハテスト	112, 113, 125
ウェーハプローブ	113
ウェーハレベルバーンイン	129
ウェーハレベルバーンイン装置	126
ウェーハレベルパッケージ	105
ウェッジボンディング	107
ウェットエッチング	102
ウェット酸化	99
液晶法	252
液浸	100
エッチング	101
エミッション	223
エミッション顕微鏡	251
演算増幅器	28
オーバーキル	122
オーバーサンプリング型	45, 47, 52
オープン故障モデル	133
オフセット誤差	182
オペアンプ	28, 209
オペレーショナル・アンプリファイア	31
オンチップコンフィギュレーション	284
オンチップテスト構造	284
オン抵抗	198
温度・湿度センサ	221
オンラインモニタリング	270

か

開ループ・トラックホールド回路	51
回路パターン	94
化学機械研磨	103
可観測性	79
拡散法	103
拡張ハミング符号	260
ガスセンサ	221
可制御性	79
加速試験	236
加速度センサ	221
カップリング故障	141
過電圧保護 (OVP)	214
過電流保護 (OCP)	214
過熱保護 (OTP)	214
カバレッジ	70
可変しきい値電圧制御	87
カラーセンサ	220
カレントレシオ法	139
慣性遅延	72
観測点	79

カンチレバーカード	121
カンチレバー型	125
機械学習	286
危害の重大度	269
期待値	275, 276
機能安全	257, 266
機能安全国際規格	267
機能検証	69
機能設計	61
揮発性メモリ	20
キャプチャモード	78
キャリア	102
ギルバートミキサ	35
組み合わせ回路	17
組み込み自己テスト	80, 118
組み込み自己テスト回路	127
グラインディング	95
クリティカルパス	74
クリティカルパストレース法	192
グローバル配線	65
クロックゲータ	86
クロックゲーティング	85
クロック信号到着時刻	65
クロックスキュー	65
クロック配線	65
形式的検証	70
経路追跡法	191
ゲイン誤差	182
ゲイン余裕	31, 156
ゲーテッドクロック	86
ゲート遅延	72
ゲートレベル回路	18
結果原因法	186
決定論的原因故障	267
原因結果法	186
高位合成	62
光源装置	176
高周波回路	23
構造テスト	118
高速回路	23
高速シリアルインタフェース	41
高速シリアル通信	211
高速パラレルインタフェース	42
高速フーリエ変換	180
広帯域回路	23
光電変換	42
誤差ベクトル振幅	164
故障解析	186
故障解析技術	236, 251

故障解析装置	251
故障カバレージ	134
故障原因解析	236
故障検出率	134
故障辞書法	190
故障診断	186, 236
故障診断の自動化	193
故障モデル	132, 141, 153, 185, 189
故障率曲線	238
コスト	67, 128
コヒーレントサンプリング	179
コモンモードノイズ	226
コンカレントテスト	118
コンスタレーション・プロット	163, 164

さ

最大・最小遅延	73
サイドチャネル攻撃	288, 290
サージ電圧	242
サーマルビア	231
サプライチェーン	284
酸化膜	98
サンプリング	43
サンプリング定理	50
サンプリングミキサ回路	35
磁気抵抗メモリ	20, 208
磁気トンネル接合素子	20
シグナルインテグリティ	227, 232
試験	28
試験境界	280
試験結果	280
試験後	281
試験条件	279
試験内容	279
試験フロー	279
自己テスト	80
指数分布	274
システマティック故障	267
システマティック不良	119
システム設計	61
システム的手法	31
次世代ハンドラ	127
弛張発振回路	32, 36
実速度テスト	118
ジッタ	27
シフトモード	78
集束イオンビーム	252
周波数カウンタ	157
周波数シンセサイザ	36

周波数測定	157
周波数特性	180
縮退故障	141
縮退故障モデル	133
樹脂塗布方式	107
シュムー解析	248, 249
シュムー図	249
シュムープロット解析	236
シュムープロット図	249
順序回路	17
純粋遅延	72
仕様	196
仕様設計	60
冗長故障	134
照度センサ	221
消費電力	82
初期故障	238
処理時間解析攻撃	290
シリアル方式	38
シリコンウェーハ	94
シリコン貫通ビア	150
シリコンゲルマニウム	11
シンクロナスDRAM	206
信号対ノイズ比	183
信号ノイズひずみ	183
信号品質	227
深層学習	286
人体モデル	242
診断分解能	188
シンボルエラー率	162
信頼性	256, 258, 266
信頼性ブロック図	262
信頼度	256, 262
信頼度計算	258
推奨動作条件	196
垂直型	125
垂直針カード	121
スイッチング特性	202
スキャン出力	78
スキャン設計	76, 297
スキャンセル	76, 135
スキャンチェーン	290, 297
スキャンテスト	76, 118
スキャン入力	78
スクラビング	261
スクランブリング	297
スタティックRAM	206
スタティック電力	83
スタティックバーンイン方式	116
スタンバイ消費電力	83
スチーム酸化	99
ストリップ・ハンドラ	128
ストレージクラスメモリ	208
スプリアス・フリー・ダイナミック・レンジ	184
スペックシート	154, 196
スミスチャート	33
正帰還	32
正規品	290
正規分布	275
制御回路	61
制御工学	31
制御点	79
製造工程	98
製造プロセス	94
製造容易化設計	66, 108
静的タイミング解析	74
静的電力	83
静的特性	200
静電気放電	242
静電破壊	242
静電容量センサ	220
積分非直線性	181
セキュリティ	288
設計誤り	68
設計検証	68
設計のトレードオフ	25
設計メソドロジ	60
絶対最大定格	196, 198
接着テープ方式	107
線形帰環シフトレジスタ	80
線形性	51
線欠陥	176
全高調波ひずみ率	183
センサ	219
センサ相関	271
選別テスト	112, 115, 126
走査電子顕微鏡	253
送信スペクトラム・マスク	166
相変化メモリ	208
測定	27
ソフトエラー	243, 244, 258

た

ダイアタッチフィルム方式	107
ダイシング	106
ダイシングブレード	106
ダイナミック電力	83

ダイナミックバーンイン装置	126
ダイナミックバーンイン方式	115
ダイボンディング	107
タイミング検証	72
タイミング攻撃	290
多数決回路	21, 271
立ち上がり・立ち下がり遅延	73
多入力シグネチャレジスタ	80
ダブルパターニング	101
単純電力解析	291
単調性	46, 183
単電源オペアンプ	210
遅延故障テスト法	135
遅延故障モデル	133
逐次比較近似型	54
超音波探傷法	254
直列系	262
直列方式	38
追加テストパターン	189
通信方式	166
ディープラーニング	286
定格電力	198
抵抗変化型メモリ	208
定常時消費電力	83
ディスクリート・ハンドラ	128
低電力設計	82
低ノイズ増幅回路	34
ディレーティング	199
データシート	154, 196
データ処理回路	61
デエンファシス	39, 173
適応テスト	278
的中率	188
デジタル信号	43
テスタ	125
テスト	27
テストエスケープ	122
テストエレベータ	152
テスト工程	112
テストコスト	90
テスト設計	63
テスト対象のデバイス	154
テスト電力高騰	90
テスト入力値	63
テストの経済性	120
テストバーンイン方式	115
テストバスインタフェース回路	161
テストパターン	63, 188
テストパターン自動生成ツール	63

テストハンドラ	127
テストハンドラ装置	124
テストベンチ	69
テストポイント	79
テスト見逃し	122
テストモード	297
テスト容易化回路	28
テスト容易化設計	75, 89, 118
デバイスインタフェース装置	124
デバイス帯電モデル	242
デバッグ	187
デルタIDDQ法	139
電圧電流制御	271
電気的範囲のセンサ	271
点欠陥	176
電源遮断	84, 86
電源品質	228
電磁感受性	223
電磁干渉	223
電磁波解析攻撃	290
電子ビームテスタ	251
電磁両立性	223, 225
伝送ゲート	16
電流増幅素子	10
電流テスト	139
電力解析攻撃	290
電力考慮型テスト	89
電力制御部	88
同一試験工程内	280
等価性判定	71
透過電子顕微鏡	253
統計解析	281
統計情報	272
統合的ハードウェア整合性モニタリング	271
動作時消費電力	83
動作周囲温度	229
動作電力	83
同時測定テスト	118
同測効率	121
動的電力	83
ドーピング	102
特性	196
ドライエッチング	102
ドライ酸化	99
トランシーバ回路	33
トリガ回路	293
トリム&フォーム	108
ドレイン・ソース間電圧	198
ドレイン電流	198

な

ナイキスト安定判別法	31
ナイキスト型	45, 52
ナノプロービング	253
鉛フリーはんだ	246
二項分布	272
入力容量	203
熱制限領域	198
熱対策	229
熱暴走	245
ノイズ対策	222
ノーマルモードノイズ	226

は

バーストモード	243
ハードウェア・ソフトウェア協調設計	67
ハードウェア自己テスト	271
ハードウェア冗長回路	271
ハードウェア処理	61
ハードウェアトロイ	289, 292, 294
バーンイン	129
バーンイン試験	115, 116, 238, 241
配線遅延	72
配置	64
パイプライン型	53
バイポーラトランジスタ	9
バウンダリスキャン	81
破壊攻撃	288
曝露可能性	269
パスタブカーブ	238
パストランジスタ	16
パターン圧縮	118
バックグラインディング	105
パッケージ	108
パッケージテスト	112
発振回路	36
ハミング符号	260
ばらつき	272
パラメトリック不良	119
パラレルATA	42
パラレル方式	38
パルス電流	199
パワーアンプ	37
パワーインテグリティ	228
パワーゲーティング	86
パワースイッチ	86
パワースペクトラム	162
パワードメイン	85
半導体テスト装置	124
バンドギャップ基準電圧発生回路	24
ハンドラ	126
汎用（両電源）オペアンプ	209
汎用ロジックIC	204
ヒートシンク	231
比較器	270
被疑故障	188
ヒストグラム法	178
ビットエラー	169
ビットエラー率	40, 162, 169
非破壊攻撃	288
微分非直線性	181
評価指標	188
標準正規分布	276
ファイナルテスト	112, 115
ファンアウト	15
ファンアウト型WLP	105
ファンイン	15
フィードバック	280
フィードフォワード	280
フェールビットマップ	248
フォトダイオード	42, 176
フォトマスク	95
フォトレジスト	98
負帰還	29
不揮発性メモリ	20
複合ゲート	16
不純物注入	102
物理解析	186
物理複製困難関数	296
歩留まり	118
歩留まり習熟	118, 120
歩留まり損失	122
フラッシュ型	52
フラッシュメモリ	207
プリエンファシス	39, 173
ブリッジ故障モデル	133
フリップフロップ	18
フルスケール誤差	182
ブレードダイシング	106
フロアプラン	64
プローバ	112, 125
プローブ	112
プローブカード	112, 125
プローブテスト	112, 113
プロパティチェッキング	70
分解能	51
分散	275, 276
平均故障寿命	258

309

平坦化	103
並列系	263
並列方式	38
ペイロード回路	293
ベースバンド信号	162
ベクトル・シグナル・アナライザ	162
ベクトル・シグナル・ジェネレータ	162
ベクトル・ネットワーク・アナライザ	168
変調精度評価	164
ポアソン分布	273
放射	223
ボード線図	31, 155
ホールセンサ	221
ボールボンディング	107
ポストシリコンデバッグ	187
ポリッシング	95

ま・や

マーチC-テストパターン	143
マーチLRテストパターン	145
前工程	98
マシンモデル	242
マスク・テスト	172
マスクROM	207
マルチサイクルテスト	138
マルチパターニング	101
マルチV_{DD}	85
マルチV_{TH}	87
ミキサ回路	35
ミッシングコード	183
メモリ	206
メモリ回路	19
メモリ系ハンドラ	127
メモリの修復手法	147
メモリのテスト	141
免疫	223
メンブレン型	125
モールド	108
模造品	292, 296
モニターバーンイン方式	115
有効ビット数	184
誘導型近接センサ	221
ユナリ構成	45

ら・わ

ラッチアップ	245
ラッピング	95
ランダムハードウェア故障	267
リードフレーム	107
リソグラフィ	100
リテンションレジスタ	86
量産診断	187
リング発振回路	36
ループゲイン	156
ループバックモード	170
レイアウト検証	66, 74
レイアウト設計	26, 63
レーザダイシング	106
レール・ツー・レール	210
レジスタ転送レベル	61
レジスト塗布	100
レベルシフタ	88
ロール・スワップ機能	213
露光・現像	100
ロジック系ハンドラ	127
論理回路	13
論理回路のテスト	132
論理ゲート	13
論理検証	69
論理合成	62
論理設計	62
ワイブル分布	239, 240
ワイヤボンディング	107

A

A/D, D/A変換デバイス	177
A/D変換器	22, 48
ABM	159
AC特性	179
Advanced Technology Attachment	42
AES暗号	290
Alternate Mode	215
Alte Mode	215
Analog Boundary Module	159
Area of Safety Operation	229
Arrhenius Model	116
ASIL	269
ASO	229
Assertion-Based Verification	70
ATE	117, 128
ATPGツール	63
Automatic Test Pattern Generator	63
Automotive SIL	269

B

BER	40, 162
BERT	170
Bipolar transistor	8

BIRA	150
BISR	149
BIST	28, 80, 118, 127
Bit Error	169
Bit Error Rate	40, 162, 169
Bit Error Rate Tester	170
Bode Plot	155
BOST	118, 127
Boundary Scan	81
broad-side法	135
Built Off Self Test	127
Built Out Self Test	127
Built-In Repair Analysis	150
Built-In Self Test	28
Built-In Self-Repair	149
Built-In Self-Test	28, 80

C

CAA	95
Cantilever type	125
CCD	42, 96
CDMA	167
Chemical Mechanical Polishing	103
CISPR	224
Clock Gating	85
Clock Gator	86
CMOS	42, 96
CMOSオペアンプ	210
CMOS回路	8
CMOS論理ゲート	13
CMP	103
Combinational Circuit	17
Comparator	270
Complementary Metal Oxide Semiconductor	8
Complex Gate	16
Control Point	79
Coverage	70
CPU	95
CRC値	244
Critical Area Analysis	95
Critical Path	74
Cyclic Redundancy Check	244

D

D/A変換器	22, 44
DC電気的特性	200
DC特性	177, 200
DC特性テスト	112, 113
DDR SDRAM	206
Design Error	68
Design for Manufacturability	66, 108
Design For Testability	28, 63, 75
Design Rule Check	74
Design Verification	68
DES暗号	290
Device Under Test	154
D-FF	76
DFM	66, 108
DFT	28, 63, 75, 118
DNL	181
double-capture法	135
Double-Data-Rate SDRAM	206
Down Conversion	35
DRAM	19
DRC	74
DUT	154
DVFS	84
Dynamic Random Access Memory	19
Dynamic Voltage Frequency Scaling	85
Dフリップフロップ	18, 76

E

EBテスタ	251
ECC	243, 259
ECL	17
EDGE	167
Effective Number of Bits	184
Electro-Magnetic Compatibility	223
Electro-Magnetic Interference	223
Electro-Magnetic Susceptibility	223
Electron Beamテスタ	251
Electron Multiplying CCD	43
Electrostatic Discharge	242
EMC	223, 225
EMCCD	43
EMC国際規格	224
EMI	223
emission	223
Emitter-Coupled Logic	17
EMS	223
ENOB	184
Equivalence Checking	71
Error Correction Code	243, 259
Error Vector Magnitude	164
ESD	242
EVM	164

F

Failure Mode and Effect Analysis	269
Fan-In	15
Fan-Out	15
FBM	248
FCC	224
Feedback	280
Feed-forward	280
FFT法	179
FIB	252, 255
FinFET	12
Flip-Flop	18
FMEA	269
Focused Ion Beam	252
Formal Verification	70
FO-WLP	105
FPGA	205, 244
functional safety	257

G

Gated Clock	86
General-Purpose Computing on GPU	205
GPGPU	205
GPU	95, 205
Graphics Processing Unit	95
GSM	167

H・I・J

HDMI	41, 218
High-Definition Multimedia Interface	41, 218
HW redundancy	271
IDDQテスト	139
IEC	224
IEC61508	267, 268
IEEE1149.4	159
IEEE1284	42
IEEE1394	41
immunity	223
Inertial Delay	72
INL	181
In-situ	280
Integrated hardware consistency monitoring	271
ISO26262	267, 269, 270
Isolator	86
JKフリップフロップ	18
Joint Test Association Group	159
JTAG	159

L

last-shift-launch法	135
laterally diffused metal oxide semiconductor	37
Launch-on-Capture法	135
Launch-on-Shift法	135
Layout Versus Schematic	74
LCDドライバ用途向けのハンドラ	127
LC発振回路	36
LDMOS	37
LER	95
LFSR	80
Line Edge Roughness	95
Linear Feedback Shift Register	80
LNA	34
LoC法	135
Logic Circuit	13
Logic Gate	13
Look-Up Table	205
LoS法	135
Low Noise Amplifier	34
Low Voltage Differential Signaling	38, 211
LTE	167
LUT	205
LVDS	38, 211
LVS	74

M・N

Magnetic tunnel junction	20
Magneto-resistive RAM	208
Magnetoresistive Random Access Memory	20
Majority voter	271
Mean Time To Failures	258
Min-Max Delay	73
MISR	80
MRAM	20, 208
MTJ	20
MTTF	258
Multi-Die Test	118
Multiple Input Signature Register	80
NAND型フラッシュメモリ	207
Nearest Neighbor Residual	282
NMOSトランジスタ	8
NNR	282
NOR型フラッシュメモリ	207

O

OBIRCH	251
Observation Point	79
On-line monitoring	270
OPC	95
Operational Amplifier	31
Optical Proximity Correction	95
Optimal Beam Induced Resistance Change	251

P・Q

PA	37
Part Average Testing	282
Pass Transistor	16
PAT	282
PCI Express	41, 217
PDNインピーダンス	228
PEM	251
Peripheral Component Interconnect	41
Phase change RAM	208
Phase Locked Loop	36
Photo Emission Microscope	251
PHS	167
Physical Unclonable Function	296
PI	228
PLL回路	37
PMOSトランジスタ	8
PMS	88
Post Test	281
Power Amplifier	37
Power Distribution Network インピーダンス	228
Power Domain	85
Power Gating	86
Power Integrity	228
Power Management Structure	88
Power Switch	86
Power-Aware Test	89
PQC	95
PRAM	208
Process Quality Control	95
Property Checking	70
PUF	296
Pure Delay	72
QDR SDRAM	206
QM	270
Quad-Data-Rate SDRAM	206
Quality Management	270

R

Rail-to-Rail	210
Register Transfer Level	61
ReRAM	208
Resistive RAM	208
Retention Register	86
RFデバイス	33, 161
RF信号	162
Rise-Fall Delay	73
RSA暗号	291
RTL	61

S

S/N比	183
Safety Integrity Level	267
Safety Operating Area	198
Scan Design	76
Scan Input	78
Scan Output	78
Scanning Electron Microscope	253
SCSI	42
SDF	73
SDRAM	206
Self-test supported by hardware	271
SEM	253
sensor	219
Sensor correlation	271
Sensor valid range	271
Sequential Circuit	17
SER	162
SerDes	38
Serial ATA	41
SERializer/DESerializer	38
SEU	243
SFDR	184
Shmoo Plot	249
SI (Scan Input)	78
SI (Signal Integrity)	227
SiGeプロセス	11
Signal Integrity	227
Signal-to-Noise Ratio	183
SIL	267
Simul-Test Multi-site Test	118
SINAD	184
Single Event Upset	243
Single Location at-a-Time	187
SiO_2絶縁膜	98
skewed-load法	135
SLAT	187

313

Small Computer Interface	42
SNR	183
SO	78
SOA	198, 229
Spurious Free Dynamic Range	184
SRAM	19, 206
SRフリップフロップ	18
STA	74
Standard Delay Format	73
Static Random Access Memory	19
Static Timing Analysis	74
Symbol Error Rate	162
systemclock-launch法	135
Sパラメータ	33

T・U

TABハンドラ	127
TBIC	161
TDR測定	173
TDR法	151, 254
TEG	113
TEM	253
Test Bench	69
Test Bus Interface Circuit	161
Test Element Group	113
Test Point	79
THD	183
Through Silicon Via	95, 150
Thunderbolt	215
Time Domain Reflectometry	151, 173, 254
Time of Flightセンサ	221
TOFセンサ	221
Total Harmonic Distortion	183
Transfer Gate	16
Transistor-Transistor Logic	17
Transmission Electron Microscope	253
Transmission Gate	16
TSV	95, 150
TTL	17
Tフリップフロップ	18
Universal Serial Bus	41, 212
Up Conversion	35
USB	41, 212
USB PD	213
USB Power Delivery Specification	213

V・W・X

Vector Network Analyzer	168
Vector Signal Analyzer	162
Vector Signal Generator	162
Verilog Hardware Design Language	61
Verilog HDL	61
VHDL	61
VHSIC Hardware Description Language	61
VNA	168
Voltage or current control	271
VSA	162
VSG	162
W-CDMA	167
WiMAX	167
WLP	105
X線透視	253

数字・その他

1ビットセルの反転	243
2.5D/3Dデバイス	176
2.5Dデバイス	95
2次降伏	198
2進重み付け構成	45
3Dデバイス	95
802.11b	167
ΔΣ型	47, 52

はかる×わかる半導体　応用編

2019年5月1日　第1刷発行
2025年2月14日　第4刷発行

監　　修	浅田邦博	
	一般社団法人 パワーデバイス・イネーブリング協会	
発 行 者	寺山正一	
発 行 所	株式会社日経BPコンサルティング	
	〒105-8308　東京都港区虎ノ門4-3-12	
発　　売	株式会社日経BPマーケティング	
装　　丁	コミュニケーションアーツ株式会社	
制　　作	有限会社マーリンクレイン	
印刷・製本	TOPPANクロレ株式会社	

© ADVANTEST CORPORATION 2019 Printed in Japan　　ISBN978-4-86443-130-9

＊本書の無断複写・複製（コピー等）は、著作権法上の例外を除き、禁じられています。
　購入者以外の第三者による電子データ化および電子書籍化は、私的使用を含め一切認められていません。
＊本書に関するお問い合わせ、ご連絡は下記にて承ります。
　http://nkbp.jp/booksQA